最速で成果を出す

リスティング広告の教科書

▶ ▶ ▶ ▶ ▶ ▶ ▶ ▶

Google AdWords &
Yahoo!プロモーション広告両対応

山田 案稜

Aryu Yamada

技術

［免責］

本書に記載された内容は、情報の提供のみを目的としています。したがって、本書を用いた運用は、必ずお客様自身の責任と判断によって行ってください。これらの情報の運用の結果について、技術評論社および著者はいかなる責任も負いません。

本書記載の情報は、2015年2月16日現在のものを掲載していますので、ご利用時には、変更されている場合もあります。

また、ソフトウェアはバージョンアップされる場合があり、本書での説明とは機能内容や画面などが異なってしまうこともあり得ます。

以上の注意事項をご承諾いただいた上で、本書をご利用願います。これらの注意事項をお読みいただかずに、お問い合わせいただいても、技術評論社および著者は対処しかねます。あらかじめ、ご承知おきください。

［商標、登録商標について］

本文中に記載されている製品の名称は、一般に関係各社の商標または登録商標です。なお、本文中では™、®などのマークを省略しています。

はじめに

　2015年現在、インターネットの世界は、ネットショップやWebサイトを公開すれば自動でお客さんがやってくる時代ではなくなっています。

　すでに、インターネット上に存在するWebサイトは10億件を超えており、（インターネット統計サイト、Internet Live Stats調べ）何も手を打たなければあなたのWebサイトは埋もれてしまい、訪問者がやってくる可能性は極めて低いでしょう。はっきり言ってしまうと、お金か労力を使わないと、現在のインターネットは集客がかんたんにできなくなっている状況ともいえます。

　お金を使わない集客の代表としては、FacebookやTwitter、Instagramなどの SNSを使った集客や、ブログ記事などのコンテンツを作ってユーザーを集めるコンテンツマーケティングがあります。これらは低コストである反面、ファンを増やすための日々の更新の手間や、写真や文章力、投稿者自身の人間的な魅力などが求められます。

　GoogleやYahoo! JAPANの検索の上位表示を目指すSEOも、理論上は無料での集客が可能ですが、強引な上位表示を目指すと検索エンジンからペナルティを受けやすい状態になっており、不確実性が高く専門性も増しています。SNSも SEOも成果が出るまでに時間がかかるという点で共通しています。

　このような状況の中で、安定的な集客手段として確固たる地位を築いているのが、Google AdWords、Yahoo!プロモーション広告に代表される「リスティング広告」です。

　リスティング広告の特徴である、「設定した直後に広告を検索エンジンやWebサイトに表示できること」「広告がクリックされた分しか課金されない成果報酬制であること」「広告を表示させたいターゲットをピンポイントに絞れること」から、低額予算からスタートしやすく、効果を見込み

やすい広告手段となっています。そのため、Webサービス事業者の多く
は、インターネット広告を出す際にはリスティング広告を高確率で選択し
ています。効果の高さが知れ渡ってしまっているため、リスティング広告
も数年前に比べ競争が進んでおり、広告を出せばかんたんに儲かる！とい
う状態ではなくなってきているのも事実です。

　しかし、まだまだチャンスがあります！リスティング広告のテクノロ
ジーは日々進歩しており、キャンペーンの設定項目や広告の仕組みに新し
いものがドンドン追加されるなど、機能の追加や変更が進んでいます。こ
れらの変化を理解して広告を正しくブラッシュアップし続けている企業は
少なく、素早く知識を身につければ、今からでも集客面でライバルに差を
つけるチャンスはあります。

　実際に、リスティング広告を利用している多くのWebサイト運営者は、
自社のWebサイトの売上が伸びない理由が「リスティング広告の設定に
問題があるのか」「Webサイトやビジネスモデルに問題があるのか」整理
できずに混乱しています。本来、リスティング広告は、お金を支払う代わ
りに時間をかけずスムーズに見込み客を集め続けてくれる便利な広告手段
になるはずなのに、広告の設定や管理に時間がかかりすぎていたり、そも
そも設定がうまくいってるかどうかもわからず、振り回されてしまっては
本末転倒です。

　本書では、最速でリスティング広告の実践的な技術を身につけるための
知識をまとめました。「最低限の基礎知識」「売上に直結させる広告運用の
ポイント」「広告費を節約するためのポイント」「最新の技術的な動向」な
どを、すぐに使える形で詰め込んでいます。

　リスティング広告で集客の足場をしっかり固めることで、日々Webサ
イトに訪問している見込み客のデータや購買情報を見ながら、Webサイ
トの導線や、魅力的なWebコンテンツ、商品・サービスの改善や開発など、
ビジネスにとって本質的な部分に取り組むことができるようになるでしょ

う。

　本書を読んでくれたあなたが、リスティング広告の設定や集客の悩みに振り回される日々から解放され、本業のコアな部分に集中できるようになることを願っております。

2015年3月
株式会社パワービジョン
山田案稜

リスティング広告 ▶▶▶ 目次

はじめに 003

第1章 最低限知っておきたいリスティング広告の基礎知識

1-1 リスティング広告とは 012

1-2 リスティング広告の特徴を把握しよう 015

1-3 Google AdWordsとYahoo!プロモーション広告 018

第2章 リスティング広告をはじめよう

2-1 アカウントを作成しよう 022

2-2 アカウントの仕組みを理解しよう 030

2-3 やっておきたい出稿前の準備 033

   COLUMN スマートフォンからの検索ユーザーの増加 033

2-4 品質スコアと広告費を理解しよう 039

2-5 キャンペーンを作成しよう 048

   COLUMN エンハンストキャンペーンとユニファイドキャンペーン ... 050

2-6 1キーワードでもいいので広告を出稿しよう 051

2-7 広告グループとキーワードの分け方　055

COLUMN 小さく計画を立て、小さくはじめ、大きな計画に繋げる　058

COLUMN 頻繁にアカウントをチェックすることの落とし穴　059

第3章 売上に直結させる運用のポイント

3-1 売上に繋げるための入札額の考え方　062

3-2 集客の要となるキーワードの選び方　066

3-3 広告表示に重要な「マッチタイプ」　076

3-4 すぐに成果が出る広告設定のノウハウ　083

第4章 リスティング広告からガンガン売れるサイトに変えるには

4-1 なぜリスティング広告の設定が上手でも
売れないのか?　090

4-2 すぐにできるWebサイト改善術　093

4-3 悩んだらライバルを参考にしよう　100

4-4 ライバルを出し抜くためのWebモデルの考え方　108

COLUMN ライバルに拘ることがなぜ重要か　110

第5章 広告費を節約する奥義

5-1	費用対効果を高めるために、方針を決める	114
5-2	効果絶大!品質スコアの上げ方	117
COLUMN	1ページ目掲載に必要な入札価格、First Page Bidに注意	126
5-3	無駄な広告費を、確実に見つけて消し去る方法	128
5-4	広告の配信に制限をかける	136
5-5	コンバージョンのデータから広告を選別する	148
5-6	不正クリックがないか調べる	154
5-7	Google AdWordsの最適化機能を使ってラクラク問題改善	157

第6章 関連性の高いWebサイトにも広告を出そう

6-1	ディスプレイネットワーク広告に挑戦しよう	162
6-2	キャンペーンを分けて効率的に管理しよう	167
6-3	細かいターゲティングで、広告の表示効果を高める	171
6-4	ターゲティングを掛け合わせてより効果を上げる	183

6-5 無駄な広告費を排除する方法 185

6-6 ディスプレイキャンペーンプランナーを使って効果の
事前予測を行う 187

6-7 イメージ広告を運用する 189

第7章 もっと集客させたいときの 広告技術

7-1 追客に最適なGoogle AdWords
リマーケティング 194

COLUMN Facebookのリマーケティング広告を利用しよう 209

7-2 検索広告向けリマーケティングで、
検索連動型広告の対象を絞る 211

7-3 商品リスト広告（PLA）で、検索の専有率を増やす 215

7-4 商品数やページ数の多いECサイトに効果が高い動的
リマーケティング広告 218

7-5 モバイルアプリへの広告掲載 221

7-6 TrueViewでYouTubeの膨大なユーザーに
動画広告を配信する 224

7-7 SEO対策にも取り組もう 230

付録 **A** Yahoo!ディスプレイアドネットワーク広告を攻略 234

付録 **B** 導入すると便利なツール 242

COLUMN GoogleタグマネージャとYahoo!タグマネージャーの
どちらを使うべき？ 248

第 **1** 章

最低限知っておきたい
リスティング広告の
基礎知識

1-1 リスティング広告とは

あなたのWebサイトの売上を、もっと伸ばすためにできることは何でしょうか。どんなにすばらしい商品・サービスを持っていても、ユーザーに訪問してもらわなければ、売上には繋がりません。まずは多くのユーザーを集客することが第一です。

私たちがWebで調べ物をしたり、欲しいものを探したりする際には、必ずといっていいほど、検索エンジンを利用します。また、Web上にはニュースサイトや個人が運営しているブログなど、Webサイトが膨大に存在します。その検索結果や膨大にあるWebサイト上に広告を出すことができるのが、「リスティング広告」です。

リスティング広告は、主にGoogleやYahoo! JAPANをはじめとした検索エンジンの検索結果にテキスト広告を表示する「検索連動型広告」と、GoogleやYahoo! JAPANの広告を出してもいいよと許可を得ているWebサイトにテキストやバナー広告を表示する「コンテンツ連動型広告」の2パターンがあります。コンテンツ連動型広告を掲載することができるWebサイトの数は非常に多く、広告の設定次第では、あなたの見込み客にきわめて属性が近い人が閲覧しているWebサイトに広告を出すことも可能です。

Googleの「Google AdWords」というサービスか、Yahoo! JAPANの「Yahoo!プロモーション広告」にアカウントを作成することで、ガイドラインに違反しない限り、誰でも広告を出すことができます。それぞれのサービスにより、広告が掲載される検索エンジンやWebサイトが異なるので注意が必要です。

なお、Google AdWordsでは「検索連動型広告」「コンテンツ連動型広告」のことをそれぞれ「検索ネットワーク広告」「ディスプレイネットワーク広告」、Yahoo!プロモーション広告では「スポンサードサーチ」「Yahoo!ディスプレイアドネットワーク広告」と異なる呼び方をしますが、本書は「検索連動型広告」「コンテンツ連動型広告」で統一します。また、「リス

ティング広告」は「検索連動型広告」のみを指す場合もありますが、本書ではGoogle AdWordsやYahoo!プロモーション広告で提供されているすべての広告を「リスティング広告」に統一して扱います。

■ 検索連動型広告

■コンテンツ連動型広告

　リスティング広告は基本的に、クリック課金の仕組みを採用しており、広告が検索結果やWebサイトに表示されても、その広告がクリックされない限り課金されないようになっています。広告がクリックされて、あなたのWebサイトにアクセスがあった場合にだけお金を払えばよいという「成果報酬」に近い仕組みなので、はじめてリスティング広告に挑戦する人にもリスクが低いでしょう。

　また、広告を1回クリックされたときにいくらまでなら支払えるかという「入札制」になっており、この金額を低めに抑えておけば急に莫大な支払いが発生することもなく、小さくはじめることができるのです。

　このように、リスティング広告は、テレビCMや雑誌広告、また大手のインターネットメディアの月極広告などとは異なり、小規模の事業者でも小さくはじめられること、即効性が高く、費用対効果も高いことから、今ではインターネット広告の代表格として成長しています。

1-2 リスティング広告の特徴を把握しよう

▶ リスティング広告6つのメリット

ここまで、リスティング広告の基本的な紹介を行ってきました。では、具体的にリスティング広告を運用するメリットとは何でしょうか。以下の6つに整理することができます。

▶ クリックされるまで広告費がかからない

リスティング広告は、別名PPC（pay per click）広告と呼ばれています。従来の広告のように、広告が表示されるだけでお金を取られることはなく、実際に広告のリンクがクリックされたときに、はじめて費用が発生する仕組みになっています。

▶ 即時性が高い

SEO（検索エンジン対策）では、特定のキーワードで上位表示をするためには一定の時間がかかります。それに対してリスティング広告では、費用を支払い、審査が通ればすぐに広告が開始されます。時間的なロスがほとんどありません。

▶ 狙ったユーザーにピンポイントで広告を出せる

検索エンジンに連動して広告が出るため、そのキーワードで検索をしたユーザーの目に留まりやすくなります。たとえば「福岡空港から利用できる付近のレンタカーを予約しようとしている」人であれば、

「福岡空港　レンタカー予約」

というキーワードで検索するでしょう。福岡空港付近でレンタカーを提供
している会社のWebサイトであれば、こういったキーワードを使うことに
よって、ピンポイントで狙ったユーザーに広告を出すことができます。ほ
かの広告では、ここまでピンポイントに広告を出すことはできませんでし
た。

▶ 小さな予算から広告を開始することができる

1日の上限予算や、広告をクリックされたときの上限の金額を決めるこ
とができます。そのため、小規模な予算からでも広告の開始が可能です。

▶ 広告の成果を細かく分析できる

リスティング広告は、レポート類が非常に充実しています。どのような
キーワードの広告からどのくらい売上や問い合わせに繋がったかなど、広
告の成果を細かく調べて改善に繋げることができます。

▶ 通常の検索結果よりも上の位置に表示される

キーワードにより異なりますが、リスティング広告は上位1位〜4位に
表示されると、通常の検索結果よりも上の位置に表示されます。

➡ リスティング広告をはじめる上での4つの疑問

一方、リスティング広告を運用していく上での疑問点もあるでしょう。

▶ 広告を出せばすぐに売れる？

Google AdWordsや、Yahoo!プロモーション広告のヘルプなどに従って、
思いつくままに広告をスタートしても、すぐに売上に繋がるとは限りませ
ん。リスティング広告独自の仕組みを理解する必要があります。

▶ どんな広告でも、費用は同じ？

たとえば、不動産関係や、家庭教師、転職系など競合の多いキーワード

で上位に表示したい場合、1クリックが1,000円を超えることも珍しくありません。一方で、競争が少ないキーワードを上手く見つけることで、ライバルより安価に広告を出すことも可能です。

▶ 広告の管理に手間がかかる？

　競争の激しい業種、季節変動により購買パターンが変わる商品・サービス、また、膨大な検索キーワードを設定する必要のあるWebサイトでは、リスティング広告の管理にかなりの労力がかかります。とはいえ、ライバルも同じ条件のため、労力がかかるということは、逆にリスティング広告の設定で差をつけるチャンスでもあります。

▶ 一度広告を出してしまえば何もする必要はない？

　Webの広告技術は日進月歩で進化しています。リスティング広告においても同様で、Google AdWords、Yahoo!プロモーション広告ともに、頻繁に管理画面の項目の変更や、機能の追加などが行われています。1年触れなければ知らない機能がいくつも増えているといったように、進化が早いサービスです。そのため、日々情報を追いかける必要があります。この点も、常に新しい情報にキャッチアップし続けることで、優位に立てるチャンスでもあります。

　ほかにも、売上の大部分をリスティング広告経由によって達成する必要があるサイトでは、プロのリスティング広告管理業者に運用を代行する場合や、社内に専門のスタッフを配置する必要があります。しかし、専門の業者に依頼しないと無理！とすぐにあきらめないで、可能な限り自分たちでしっかり管理する、勉強するという姿勢はとても大切です。自社のサービスを熟知している社内の人間のほうが、サービスの詳細や、顧客のイメージをつかんでいて、より効果的に広告を設定できる可能性があります。

1-3 Google AdWordsとYahoo!プロモーション広告

　これまで説明したように、国内の主要なリスティング広告のシステムは、Google AdWordsとYahoo!プロモーション広告の2つに絞られます。扱う広告の種類に多少違いがありますが、「検索連動型広告」に関しては両方とも同じようなシステムです。

　ほとんど同じならどちらか一方だけやればよいと思うかもしれません。しかし、筆者はこの両方の広告に挑戦することをすすめます。その最大の理由は、検索される媒体の違いです。Google AdWordsは、Googleの検索エンジンを中心としたネットワークに、Yahoo!プロモーション広告は、Yahoo! JAPANの検索エンジンに広告を表示します。

　これまで、日本国内のパソコンでの検索利用者のうち、40％がGoogle、50％がYahoo! JAPANを利用していると言われてきました。また、利用者の属性については、Google利用者は技術系でネットに詳しい男性、Yahoo! JAPAN利用者はイージーユーザーや女性が多いと言われてきました。そのため自社のターゲットがより多い方だけに出稿すればよかったのです。

　しかし、スマートフォンでは、上で説明したような棲み分けに関係なくGoogleの検索エンジンを利用する方が多くなっています。スマートフォン利用者の増加など検索シーンの多様化にともなって、この区別があまり意味をなさなくなってきているのです。そのため、ターゲットが多いのがどちらかを早めに見極めるために、先入観を持たず、両方の広告にチャレンジすることが大切です。

■ PCとスマートフォンの利用者の変移

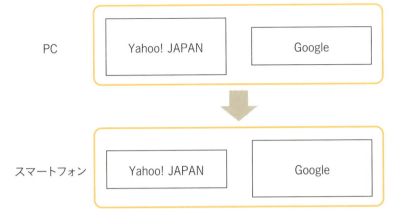

第 2 章

リスティング広告を
はじめよう

2-1 アカウントを作成しよう

　リスティング広告で成果を出すためには、まずは理論よりも実際に触ってみて感覚を掴んでしまうことが重要です。

　Google AdWords、Yahoo!プロモーション広告ともに、はじめにアカウントを取得する必要があります。リスティング広告を最速で開始するためにも、さっそくアカウントを取得しましょう。

➡ Google AdWordsに登録する

▶ Googleアカウントの作成

　Google AdWordsに登録する前に、GoogleアカウントというGoogleのサービスを利用するための共通のアカウントを作成する必要があります。Googleアカウントを持っていない方は、下記の画面にアクセスします。

■ Googleアカウントの作成 (https://accounts.google.com/SignUp)

「名前」「ユーザー名」「パスワード」「誕生日」「性別」「携帯電話」「現在のメールアドレス」「ロボット登録でないことの確認」「国／地域」の項目を入力します。ユーザー名には、Googleアカウントに利用したいメールアドレスを入力します。「現在のメールアドレスを使用する」をクリックすると、Googleが提供しているGmail以外のメールアドレスを使用できます。

すべての項目を入力したら「次のステップ」をクリックします。Google+の公開プロフィール画像の登録画面が表示されますが、こちらは後から設定が可能ですので、「次のステップ」をクリックします。

これで、Googleアカウントができました。

▶ Google AdWordsのアカウント作成

続けて、Google AdWordsのアカウントを作成しましょう。Google AdWordsのWebサイトにアクセスし、「今すぐ開始」をクリックします。

■ Google AdWords（http://www.google.com/adwords/）

アカウントの作成開始画面が表示されます。「メールアドレスを入力」にアカウントのログインに使用するGoogleアカウントのメールアドレスを入力します。国名に「日本」、タイムゾーンに「東京」、通貨に「日本

円」を選択し、「保存して次へ」をクリックします。

■Google AdWordsへようこそ

「AdWordsへようこそ。」と表示され、アカウントが開設されました。

■AdWordsへようこそ。

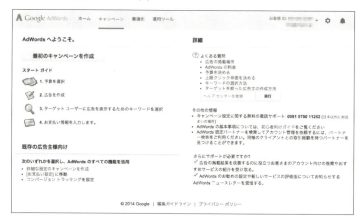

➡Yahoo!プロモーション広告に登録する

Yahoo!プロモーション広告にも登録しておきましょう。

はじめにYahoo!プロモーション広告のWebサイトにアクセスし、「広告のお申し込み」をクリックします。

■ **Yahoo!プロモーション広告（http://promotionalads.yahoo.co.jp/）**

　「お申し込み情報の入力」ボタンをクリックします。

■ **お申し込みの前に**

　お申し込み情報の入力画面が表示されます。会社情報と管理者情報の入力を求められるので、すべての必須項目に入力後、画面最下部の「入力内容の確認」ボタンをクリックします。

■ お申し込み情報の入力

入力内容の確認画面が表示されるので、内容に間違いがないか確認します。規約への同意で2箇所にチェックを入れ、「この内容で申し込む」ボタンをクリックします。

■ 入力内容の確認

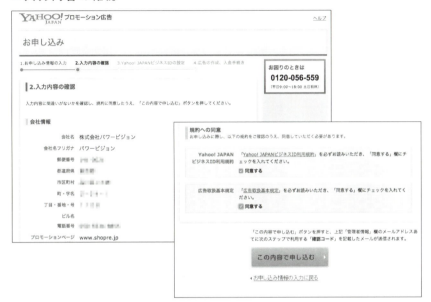

　Yahoo! JAPANビジネスIDの設定画面が表示されると同時に、登録に利用したメールアドレスに、次の画像のようなメールが届きます。メールには「確認コード」が記載されています。

■Yahoo! JAPANビジネスID確認コードのお知らせ

　ログインに利用したいパスワードと、先ほどのメールに記載されている「確認コード」を入力して、画面最下部の「広告の作成、入金手続き」ボタンをクリックします。

■Yahoo! JAPANビジネスIDの設定

　パスワードの再確認画面が表示されるので、先ほど設定したパスワードを入力して「ログイン」ボタンをクリックします。

■ パスワードの再確認

　アカウントの開設が完了し、かんたん広告作成の画面が表示されました。
　この際、メールアドレスにあなたのYahoo! JAPANビジネスIDが掲載されたメールが届くので、先ほど設定したパスワードと合わせて保存をしておいてください。以後、この「Yahoo! JAPANビジネスID」※と「パスワード」でログインを行うことになります。

■ かんたん広告作成

※Yahoo! JAPANビジネスIDはYahoo! JAPANが自動的に割り振るもので、自分で決めることができません。

2-2 アカウントの仕組みを理解しよう

　リスティング広告のアカウントは、「キャンペーン」「広告グループ」「キーワード」の3階層から成り立っています。下の図のように、「キャンペーン」の下にはいくつもの「広告グループ」を、「広告グループ」の下には、いくつもの「キーワード」を設定することができるようになっています。

■ キャンペーン、グループ、キーワードの仕組み

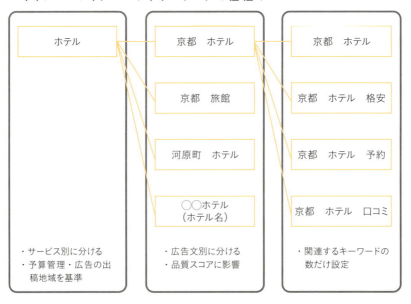

　それぞれの階層ごとに設定できる内容を確認してみましょう。

▶ キャンペーン

　全体的な広告の出し方の方針を設定します。1日にどれだけの予算まで広告を出すのかの上限や、時間や曜日、地域ごとに広告を出すか出さない

かを決めることができます。また、PCとスマートフォンの入札価格の比率をコントロールすることもできます。そのほか入札の形式や、キャンペーン単位で広告を出したくない除外キーワードの設定が可能です。Google AdWordsでは1アカウントに10,000、Yahoo!プロモーション広告では1アカウントに100まで、キャンペーンを作成することができます。

▶ 広告グループ

検索結果に表示される広告文を制御するための単位です。広告文とキーワードを設定することができ、広告グループごとに入札の金額を設定することができます。また、広告グループ単位で除外キーワードを設定することも可能です。Google AdWordsでは1キャンペーンに最大20,000、Yahoo!プロモーション広告では1キャンペーンに最大2,000まで、広告グループを作成することができます。

グループ内で作成する広告は、「タイトル」「説明文」「表示URL」「リンク先URL」を設定することができ、この設定に従って検索結果に表示されます。Google AdWordsでは1広告グループに50、Yahoo!プロモーション広告では1広告グループに50まで広告を作成することができます。

▶ キーワード

ここで登録したキーワードにより、実際にどんなキーワードで検索されたときに広告が表示されるかが決まります。「完全一致」「フレーズ一致」「絞り込み部分一致」「部分一致」といったキーワードのマッチタイプを分けて登録することができます。また、キーワードごとに広告文に表示されるURLを個別に変更したり、キーワード単位で入札額を設定したりすることが可能です。ここで入札額を設定しなければ、広告グループの入札額がキーワードに適用されます。たくさんキーワードを設定しても、表示される広告文は紐付いている広告グループに設定されている広告のみです。キーワードごとに広告を分けたい場合は、その分広告グループを分割する必要があります。Google AdWordsでは1広告グループに20,000、Yahoo!プロモーション広告では1広告グループに2,000までキーワードを作成するこ

とができます。

■ キャンペーン、広告グループ、広告文、キーワードの上限数一覧

	キャンペーン （1アカウント内）	広告グループ （1キャンペーン内）	広告文 （1広告グループ内）	キーワード （1広告グループ内）
Google AdWords	10,000	20,000	50	20,000
Yahoo!プロモーション広告	100	2,000	50	2,000

　リスティング広告は、基本的に上の階層の設定は下の階層すべてに影響していくので、

「キャンペーン」→「広告グループ」→「キーワード」

というように、上の階層から順番に設定を行っていくことになります。

　「キャンペーン」は、リスティング広告のすべての起点となる単位です。利用する広告費やユーザーと広告のマッチングに影響するので、はじめにWebサイトの方針に従って正しく設定する必要があります。

　次に、キャンペーンに紐づく「広告グループ」の作成です。どのようなテーマ（キーワード）で広告文を表示するかで、グループを細かく分け、それに合わせて広告の文章も作成することになります。グループ単位で入札単価やPCとスマートフォンの入札比率を決めることもできます。

　最後に「キーワード」の設定です。このキーワードの設定で、どれだけの見込み客を集められるかが決まります。キーワードの設定は重要ですが、これだけを頑張っても、上の階層を正しく設定できていないと効果が出ません。リスティング広告の階層構造をきちんと理解するのが、最短の道です。

2-3 やっておきたい出稿前の準備

➡ PC、スマートフォンの広告どちらに挑戦する?

　さて、Google AdWordsとYahoo!プロモーション広告のどちらがよりターゲットにリーチするかを見極めるのとは別に、そのターゲットに対してどのデバイス(PC、スマートフォン)に広告を出すと1番クリックされやすいかという点についても考える必要があります。

　取り扱っている商品・サービスによっては、スマートフォンには向かない商品もあります。逆に、スマートフォンユーザーに特化したウケのよい商品・サービスもあるでしょう。PC向けのWebサイトしか作っていないため、スマートフォンユーザーに広告を出しても不親切なサイトになっている場合もあります。そういったケースでは、特定のデバイスに対してのみ広告を出すほうが効率的な運用が可能です。

　また、競合となるサービスのWebサイトがスマートフォンに対応していないために、スマートフォンで広告を出したらPCよりもはるかに安くアクセスを集められるというケースも起こり得ます。

　あなたがPCとスマートフォン両方に対応したWebサイトを運用している場合は、しばらく両方のデバイスに広告を出して費用対効果を比較してみることをおすすめします。

COLUMN

スマートフォンからの検索ユーザーの増加

　MM総研の調査によると、2013年12月末日時点で、フィーチャーフォンとスマートフォンを合わせた携帯端末ユーザーのうち、およそ半数がスマートフォンの利用者です。つまり、携帯端末からのインターネットへのアクセスのうちの半数がスマートフォンからのアクセ

スだといえます。半分という数字が大きいか小さいかはともかく、ネットで情報を検索し、購買行動をする携帯端末利用者の大部分はスマートフォンを利用しており、その数は年々増加し続けているのです。

　また、スマートフォンで決済することに対する抵抗感も少なくなっており、ファッションサイトなど比較的若年層をターゲットにしたWebサイトは、PCサイトよりも、スマートフォンサイトの売上が大きくなりつつあります。

【参考】スマートフォン契約数およびユーザーの端末購入動向
　　http://www.m2ri.jp/newsreleases/main.php?id=010120141023500

➡ コンバージョンの仕組みを理解する

▶ リスティング広告で成果を出すために必要なコンバージョンの仕組み

　リスティング広告を経てショッピングカートから商品の購入に至ったり、メールフォームから問い合わせに至ったりといった最終的な成果を「コンバージョン」といいます。Google AdWords、Yahoo!プロモーション広告では、広告費から実際にどのような結果（コンバージョン）が獲得できたのかを具体的な数値で確認できます。どのキーワードをクリックしてコンバージョンが発生したのかという詳しいデータまで取得することが可能です。

▶ 成果が加算されるのは、コンバージョンが発生した日とは限らない点に注意

　広告をクリックした情報は30日間システムに保持されており、そのデー

タが計測に利用されます。コンバージョンの計測は、コンバージョンが発生した日ではなく、コンバージョンを発生させた人が広告をクリックした日に加算されるということです。何が起きるのかというと、広告がクリックされた日から30日が過ぎるまでは、日々過去のコンバージョンの数値が増え続ける可能性があるということです。

たとえば、1月1日に広告をクリックしたお客さんが、その日はそのままブックマークだけしてWebサイトを後にして、9日後の1月10日に再びブックマークからWebサイトを訪れ商品を購入するとしましょう。その場合、リスティング広告のレポートでは、1月10日ではなく、1月1日にそのお客さんがクリックしたキーワードに対してコンバージョンが1つ加算されます。つまり1月1日に当日のコンバージョン数を計測した場合と、1月10日に過去の1月1日のコンバージョン数を計測した場合では、1月10日に計測したほうが数値が大きくなるのです。

30日より以前のデータになってはじめて正しい数値になり、それまではあくまで速報値としての参考データになることを踏まえてレポートを見る必要があります。

▶ コンバージョンを設定する

コンバージョンは、Google AdWords、Yahoo!プロモーション広告のいずれも、「コンバージョンタグ」というコードを特定のWebページに埋め込むことで記録されます。代表的な計測のタイミングは次のようなときです。

・商品の購入完了
・店舗などの予約完了
・Webサービスの会員登録
・お問い合わせ完了
・メールマガジン登録完了
・資料のダウンロード完了

➡ 複雑化するコンバージョンの種類を理解する

コンバージョンには、Google AdWordsの場合4つ、Yahoo!プロモーション広告の場合2つの種類があります。それぞれどのようなものなのか、特徴をおさえておきましょう。

▶ 1 「コンバージョン数（Google AdWords）」、「総コンバージョン数（Yahoo!プロモーション広告）」

広告をクリックした人がコンバージョンした回数の総数です。たとえば同じ人が1回の広告クリック後に2回3回と複数購入した場合は、そのまま複数回記録されます。

▶ 2 「コンバージョンに至ったクリック（Google AdWords）」、「クリックスルーコンバージョン（Yahoo!プロモーション広告）」

広告をクリック後に、同じ人が複数回コンバージョンを発生させても1回のみと計測されるのが、「コンバージョンに至ったクリック」です。コンバージョンの回数ではなく、コンバージョンしたユーザー数と考えた方がわかりやすいかもしれません。

▶ 3 「ビュースルーコンバージョン（Google AdWords）」

リスティング広告の中でも、画像や動画広告を配信しているコンテンツ連動型広告で計測される数値です。画像や動画であれば、広告がクリックをされなくても影響力があります。ビュースルーコンバージョンは、それらの広告を見た人（表示した人）がその後30日以内にコンバージョンに至ったかを計測します。

▶ 4 「推定合計コンバージョン（Google AdWords）」

複数のデバイスを利用したユーザーのコンバージョンデータを計測した数値です。たとえば、外出先のスマートフォンでGoogle AdWordsの広告

をクリックしたお客さんが、家に帰った後その情報を参考にPCから商品を購入した、といったような状況の計測値です。Googleアカウントのログイン情報などを利用して計測を行っており、1日に50件以上のコンバージョンが発生しているアカウントでは、かなり正確な数値が計測できるとされています。

　これらの1～4のコンバージョンについては、コンバージョンタグを入れることで、かんたんに計測できます。ただし、3の「ビュースルーコンバージョン」は、Google AdWordsで画像や動画を広告で配信している場合のみ可能です。4の「推定合計コンバージョン」は、WebサイトがPC、スマートフォンの両方の表示に対応していることが前提となります。

・Google AdWordsでの設定
　https://support.google.com/adwords/answer/1722054?hl=ja

・Yahoo!プロモーション広告での設定
　http://promotionalads.yahoo.co.jp/online/blog/vod/20121025.html

➡️Google Analyticsとの連携を行う

　アクセス解析の無料ツールとして、世界中で最も利用されているのが「Google Analytics」です。このツールとGoogle AdWordsのアカウントをリンクさせることで、Google AnalyticsからもGoogle AdWordsの情報を参照することが可能になります。

・Google Analytics
　http://www.google.com/analytics/

■Google Analyticsとリンクを設定

Google Analyticsにログインし、画面上部の「アナリティクス設定」をクリック

プロパティ項目にある、「AdWordsのリンク設定」をクリックすると、リンクの設定を行うことができます。

　Yahoo!プロモーション広告のデータは、Google Analytics上ではYahoo! JAPANの一般検索と一緒くたに判断されてしまいます。これを分けてトラッキングするには、GoogleのURL生成ツールを利用します。

・Google URL生成ツール
　https://support.google.com/analytics/answer/1033867?hl=ja

　以下のようにカスタムのパラメータを作成し、広告のリンクを入れ替えましょう。

　　・キャンペーンのソース　→　yahoo
　　・キャンペーンのメディア　→　cpc
　　・キャンペーン名　→　任意

　ここで生成したURLを利用することで、情報を分けて取得できるようになります。

2-4 品質スコアと広告費を理解しよう

➡ Webの広告費は、リアルビジネスの広告費と別物

　リスティング広告をはじめるときに必ず課題となるのが、自分の商品・サービスで広告を出す場合の「適切な広告費」がいくらかという点ではないでしょうか。電通が発表している「日本の広告費」(http://www.dentsu.co.jp/news/release/2014/pdf/2014014-0220.pdf) によれば、売上に対しての広告費は、業界ごとに、通販・サービス業界15％〜20％、化粧品業界は10％前後、流通業界1％〜3％、自動車業界は1％〜5％といった数値です。

　しかし、これらの数値が純粋にあなたの事業に当てはまる可能性は決して高くはありません。なぜでしょうか。

　ここに出てくる数値は、リピーターなど広告費をかけなくても安定して購入に繋がるお客さんの売上も含まれています。また、データの中には大手企業比率も多く、企業のブランド名だけで購入してくれるお客さんもいるでしょう。もし、あなたがWebから新規に顧客を開拓したいのであれば、これらの条件はゼロになります。

　さらに、リアル店舗を展開している事業や、デパート、コンビニ、薬局、スーパーなどの店舗で販売している商品・サービスになると、広告費以外の要素での売上への貢献部分が大きくなります。駅前にお店があれば、広告をたくさん打たなくてもある程度お客さんが来店する可能性があるように、広告以外でお客さんを集める要素がどれだけあるのかをデータから読み取ることも重要です。

　これに対して、Webビジネスでは広告の存在が大きくなります。たとえば、インターネット上にWebサイトを作ったとしてどうやってお客さんに知ってもらうのでしょうか？リアルの店舗であれば、人通りの多いところにお店を作ればそれだけで認知してもらうことが可能です。しかしWebサイトは、作っただけでは誰にも知ってもらえません。たとえるなら砂漠の

真ん中にお店を作ったようなものです。

　Webを中心にビジネスを組み立てる場合、扱っている商品・サービスによほどの特色がない限り、Web広告や検索エンジン対策（SEO）などの手段をとらなければ、新規のお客さんにWebサイトを見つけてもらうことが難しいのです。

　その一方で、リアル店舗の商売とは異なり、店舗にかかる不動産代や、店員、営業の人件費などの固定費が少ないのがWebビジネスの特徴でもあります。つまり、その分だけ固定費の支出が少なく、浮いた金額を広告費に流しやすい傾向があります。結果的に、商品・サービスによっては売上に対して30％以上の金額といったように、かなり広告費の比率が高いケースが多いのもWebビジネスの特質といえるでしょう。

➡ 品質スコアと広告費の仕組み

　リスティング広告を運用する前に必ず知っておかなくてはいけないのが「品質スコア」（Google AdWordsでは「品質スコア」、Yahoo!プロモーション広告では「品質インデックス」。以下「品質スコア」に統一）という仕組みです。リスティング広告の「検索連動型広告」では、検索エンジンの検索結果に広告が表示されます。検索結果には、画面の上から右下までずらりと広告が並びますが、この並び順を決めているのが品質スコアです。

　まず、基本的には広告は「入札した金額」の順番が考慮されます。すなわち、1クリック100円で入札したA社と、1クリック50円で入札したB社、1クリック30円で入札したC社の3社の広告では、高い金額で入札したA社、B社、C社の順番で広告が表示されることになります。ここまではとてもシンプルです。

　A社（100円）　＞　B社（50円）　＞　C社（30円）

　ところがリスティング広告では、それに加えて広告の「品質」というものが、この入札価格の順位に影響を与えます。Google AdWordsやYahoo!

プロモーション広告は、独自の指標で、私たちの作った広告に「品質」をつけるのです。品質がよくて価値のある広告と判断すると、ほかの広告よりも安い値段で上位に、逆に品質が悪くて好ましくない広告と判断された場合は、ほかの広告よりも低い順位に表示する仕組みになっています。

　この品質スコアは1 ～ 10の10段階に設定されており、品質スコアと入札価格を掛け算した数値で最終的な順位の判断基準が決定します。

　たとえば、先ほどの例で、A社の広告は1クリック100円で入札していて品質スコアが4だとすると、100×4で400が最終的なスコアです。同じように、B社の広告が1クリック50円で入札していて品質スコアが10だとすると、50×10で500、C社の広告が1クリック30円で品質スコアが8だとすると240が、それぞれの最終スコアとなります。

　A社　100円（入札額）×4（品質スコア）＝400
　B社　50 円（入札額）×10（品質スコア）＝500
　C社　30 円（入札額）×8（品質スコア）＝240

　こうなると、広告の表示の順番が

　B社　＞　A社　＞　C社

に逆転します。A社は、B社の2倍のお金を払っているにも関わらず、B社よりも目立たない低い順位に広告が表示されることになるのです。品質スコア次第では、同じ順位に並んでいる広告の5倍以上のコストで広告を出すハメになりかねません。いかにこのスコアが大切か理解できるでしょう。

■ 最終スコア＝入札価格×品質スコア

	A社の広告	B社の広告	C社の広告
入札価格	100	50	30
品質スコア	4	10	8
最終スコア（入札価格×品質スコア）	400	500	240

↑ 2位　　↑ 1位　　↑ 3位

➡ 品質スコアの決定要因

　さて、勝手に広告の良し悪しをシステムで決められるなんて理不尽だと思うかもしれません。しかし、まずは落ち着いて品質スコアの決定要因について勉強しましょう。品質スコアは以下の4つの要素で成り立っています。

▶ 広告のクリック率

　最も重要な指標です。広告のクリック率が競合に比べて高いかどうかが、品質スコアに影響します。当然クリック率が高い広告が高く評価されます。

▶ キーワードと広告の関連性

　キーワードと広告の関連性の高さも重要です。入札している検索キーワードと、広告の内容がかけ離れていると、スコアが悪くなる傾向があります。

▶ 広告やキーワードとWebサイトの関連性

　広告をクリックした先のWebサイトが全く関係ないサイトの場合、品質が落ちます。たとえば、入札したキーワードや広告に含まれるキーワード

と全く関係のないジャンルのキーワードばかりで構成されているWebサイトなどに誘導すると、品質が下がります。

▶ 広告先のWebサイトの品質

最も影響が大きいのが、Webページの表示速度です。表示が極めて遅いWebサイトにリンクをしていると品質が下がります。また、品質以前ですが、ガイドラインに反したWebサイトへの広告は、出稿停止措置を取られます。

さて、ここまで読んでみて、品質スコアの基準は、一般的に考えて妥当なものに思えたのではないでしょうか。

誰もクリックしたくないような広告が表示されていたら、検索エンジンを使っている人にとっては不便ですよね。広告をクリックして、広告と関係ないサイトに飛ばされたり、広告クリック後のWebサイトの表示速度がものすごく遅かったりしてもストレスがたまります。そんな広告が資金力だけで上位表示を独占していたら、ほかのもっと価値のある広告を出したいWebサイトの持ち主にとっても不快です。

このように、リスティング広告の品質スコアは、検索エンジンを使う人たちにとっても、広告を出す私たちにとってもメリットの大きい評価基準を試行錯誤して生み出したものでもあるのです。

品質スコアは、Google AdWordsやYahoo!プロモーション広告のキーワードのレポートで確認することができます。また、Google AdWordsではステータス項目の吹き出しアイコン、Yahoo!プロモーション広告では品質インデックス数値横の吹き出しアイコンをクリックすることで、品質スコア判定の理由と状況の詳細をある程度教えてくれます。

■ Google AdWordsのレポート画面

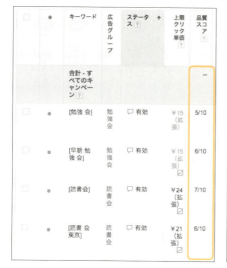
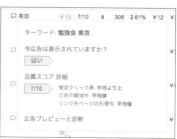

➡ 適切な広告費を決めるためのシンプルな方法

▶ 売上から逆算する

　悩みがちな「適切な広告費」ですが、実は結構かんたんに、基準値を割り出すことができます。

　それはズバリ、あなたの事業で達成したい売上金額から逆算することです。

　たとえばあなたの会社がギフト用品を扱っていて、1人あたりの予想平均購入金額が5,000円としましょう。事業を成り立たせるためには、月800件の販売が当面の目標だとします。そうなると、売上の目標金額は4,000,000円になりますね。このうち、粗利が30％だとすると、4,000,000円の30％、つまり、1,200,000円までが粗利でマイナスにならないラインです。まずは、この金額を使ってもよい広告費の基準だと考えてみましょう。

1つの商品が売れるまでにかかる獲得広告費用（リスティング広告ではこれを「CPA」といいます）については、先ほど算出した粗利分の費用1,200,000円を目標販売数の800で割れば数値が出ます。この場合は1つの商品が売れるためには1,500円まで使えるということです。

【上記例での計算式】
月次損益分岐広告費　＝　月次目標売上金額　×　月次粗利
　　（1,200,000円）　　　　　　（4,000,000円）　　　　　　（30％）
　CPA　＝　月次損益分岐広告費　÷　月次目標販売数
（1,500円）　　　（1,200,000円）　　　　　　（800件）

　いくら広告費を使えばよいのかといった、漠然とした基準は存在していません。事業計画としてきちんと目標数値を考えて、はじめて事業を成り立たせるための広告費の基準が算出されます。

▶ 短期的な利益を求めると失敗することが多い

　先ほど紹介した広告費の目安は、粗利金額から設定したものです。人件費やオフィス費用など、そのほか諸々の経費がかかるので、これではいくら商品が売れても赤字になってしまうじゃないかと思われたかもしれません。しかし、初期の広告費の目安を目標粗利金額に設定した理由は2つあります。

・リスティング広告や、商品の最適化には時間がかかる

　リスティング広告を本格的に開始してから、きちんと利益が出るようにするためには、これから本書で触れるようなリスティング広告の細かい修正と工夫が必要になります。また、あなたが扱っている商品・サービスのうち、どのような文言やWebデザイン、商品の見せ方をすれば広告費を多くかけなくても購入してくれるようになるのか、試行錯誤が必要です。いきなり大きな黒字を狙うのはさすがに欲張りですし、一方で、極端に赤字を垂れ流すわけにはいきません。粗利を基準とした損益分岐は、そのため

の最初のわかりやすい目安になります。

・サービス購入者のライフタイムバリューを考える

　ライフタイムバリューという言葉はご存知でしょうか。多くのビジネスは、1回きりのお客さんではなく、ひいきにしてくれるリピーターによって成り立っています。このようなファンになってくれている顧客が長期に渡ってもたらしてくれる利益を、マーケティング用語でライフタイムバリュー（顧客生涯価値）といいます。

　ライフタイムバリューが高い企業、言い換えるとリピート率が高い企業は、仮にリスティング広告で初回の広告費が赤字であったとしても、しばらくするとリピートによる売上で広告費を回収することができます。

　マンション販売のように、数十年に1回しか取引がないようなビジネスではリピーターの獲得は困難ですが、一般のお取り寄せの食品、旅行、ファッション、オフィス用品、雑貨などの販売では、リピーターの獲得を前提で広告戦略を組み立てることが重要です。

　先ほどのギフト商品販売の例ですと、一度購入してくれたお客さんが二度と購入してくれない場合もあれば、年に4回、5回と利用してくれる人も出てきます。この平均値を割り出します。たとえば、すべてのお客さんのデータを調べると、結果として1年以内に平均2.2回リピートしてくれるということがわかれば、広告費に関する見方が大きく変わるでしょう。

　先ほど算出した、1回の購入に対する獲得コストとして粗利ギリギリの1,500円でお客さんを獲得していたとしても、その2.2倍、つまり、3,300円の粗利が1年を通して約束されることになります。そこから1,500円の広告費を引くと1,800円が手元に残ります。

　このことを考えると、リピーターを獲得できるビジネスモデルを作ることが、リスティング広告で他社より有利になるためにどれだけ重要かが理解できるでしょう。

　とはいえ、数年後にリピートで黒字になるくらいの長すぎる考えだと、利益が出る前に広告費や経費で事業が傾いてしまいます。あなたの会社が

よほど事業資金に余裕がない限り、まずは、1年くらいのライフタイムバリューを考えてみることをおすすめします。

キャンペーンを作成しよう

➡ キャンペーンの役割とは

　リスティング広告では、最初に「キャンペーン」を設定する必要があります。「キャンペーン」は、リスティング広告のすべての起点となる単位です。1日当たりいくらまで広告費を使うか、どのようなターゲットで広告を出すのか、PCとスマートフォンの広告の比率、広告を出す地域や言語、時間帯など、最もベーシックな部分を決定します。利用する広告費やユーザーと広告のマッチングに影響するので、あなたのWebサイトの方針に従って正しく設定する必要があります。

➡ キャンペーンは、「予算」「地域」「時間」で分ける

　2013年夏から、Google AdWordsは「エンハンストキャンペーン」、Yahoo!プロモーション広告は「ユニファイドキャンペーン」という新たな仕組みをスタートしています。この仕組みになってから、出稿地域や時間帯を細かく設定できるようになりました。ここでは詳しく、キャンペーンを以下の3つの項目に分けて設定していきましょう。

▶ 予算で分ける

　1日の広告の予算は、キャンペーンごとに設定することが可能です。たとえば「キャペーンAの1日の予算は10,000円」「キャンペーンBの1日の予算は5,000円」といった具合です。

　予算をもとにキャンペーンを分けるケースとしては、商品のジャンルごとに広告予算をきっちり決めたい場合などがあります。たとえば、ファッション関係のネットショップを開いている方であれば、「洋服」関連の広告には1日5,000円以内の予算に収めたいけど、「カバン」関連の広告には

10,000円以上かけても大丈夫という場合など、キャンペーンを分けておくと、管理が楽になります。

　また、シーズンごとの記念日イベントに関するものや、メディアなどで取り上げられることが多い言葉など、何かの弾みで広告費が高騰しがちなキーワード群も別のキャンペーンに分けておくと便利です。すべてのキーワードを1つのキャンペーンで管理すると、特定のキーワードが広告費を使い過ぎて、すべての広告が止まってしまうということが発生します。キャンペーンを事前に分けておけば、1つのキャンペーンがストップするだけで済みます。

▶ 地域で分ける

　リスティング広告では、広告を出す地域をキャンペーン単位で絞り込んで設定することが可能です。たとえば、「東京都にだけ出したい広告」「関西地区にだけ出したい広告」といったように、複数地域で広告予算を分けたい場合などは、それぞれキャンペーンを分ける必要があります。

▶ 曜日や時間で分ける

　リスティング広告は、広告を出す曜日や時間帯を絞り込んで出稿できます。商品のカテゴリによっては時間帯ごとに明らかに売上が異なるものがあるかもしれません。その場合は時間帯が同じ商品同士でキャンペーンを分けるとよいでしょう。

　また、あなたの会社が「電話からの注文がメインの商品」と「フォームやショッピングカートからの申し込みが多い商品」の両方を取り扱っている場合も、キャンペーン分けは有効です。「電話からの注文が多い商品」に関係するキーワードは、キャンペーンを別にして、電話の受付時間にだけ、広告が出るようにしておきます。それ以外の商品のキーワードは24時間購入があるので、24時間広告を表示するキャンペーンに振り分けます。こうすることで、無駄な広告費を削減して効率化することができるでしょう。

COLUMN

エンハンストキャンペーンとユニファイドキャンペーン

　エンハンストキャンペーンとユニファイドキャンペーンでは、出稿地域や時間帯を細かく設定できるようになったほか、PCやスマートフォン、タブレットなど、複数のデバイスをまたいだ広告の設定も可能になりました。つまり、1つのキャンペーン内で複数のデバイスの広告設定を管理することになります。

　特別な設定をしない限り、PC向けの広告の設定を行うと同時に、スマートフォンでも広告が出稿されます。現在、PCだけの広告を出すことは可能ですが、スマートフォンだけに広告を出すことはできません。必ず同時にPCでも広告が出てしまいます。PCとスマートフォンを一緒の扱いで管理したい場合は楽ですが、PCとスマートフォンで1日あたりの広告の上限予算を決めたいという場合は、仕様上設定が不可能になっています。エンハンストキャンペーンとユニファイドキャンペーンは、現在のWebの進化に合わせた運用ができますが、こまめにアカウントをチェックして予算の動きを見る必要があるでしょう。

2-6 1キーワードでもいいので広告を出稿しよう

➡ 本格的な設定の前に、今後の広告戦略を練るのが重要

　これからリスティング広告をはじめる場合は、Google AdWordsかYahoo!プロモーション広告のどちらかで、とにかく最小限の手続きで広告を出稿してください。広告費は1日の最大予算＝100円など少額で構いません。これをすすめる理由は次のとおりです。

▶ 出稿してみてはじめて気がつくことが多い

　広告出稿について本やWebで調べてわかったつもりでも、実際に出稿の手続きをしてみると、思っていた以上に面倒だということに気づくはずです。まずは、実際の手続きを通してその大変さを肌で感じてみましょう。

　なお、Google AdWordsやYahoo!プロモーション広告では、サービスに関するサポートを受けることができます。電話での問い合わせも可能なので、困ったら利用するのもよいでしょう。

■ Google AdWords　AdWordsのサポートをお気軽にご利用ください
（https://support.google.com/adwords/answer/8206?hl=ja）

■ Yahoo!プロモーション広告　サービスお申し込み後のお問い合わせ一覧
（http://promotionalads.yahoo.co.jp/support/contact/）

▶ 審査に落ちるかもしれない

　広告には審査があります。広告審査のガイドラインや基準は、Google、Yahoo! JAPANそれぞれで異なっています。すべてのガイドラインを把握するのは難しいので、まずは実際に出稿してみましょう。手続きしたにも関わらず出稿できない場合は、サポートに連絡をして問題点を確認しましょう。

▶ 広告の相場が大雑把にわかる

　目ぼしいキーワードで広告を出しておけば、キーワードの相場がおおよそ把握できます。1キーワードだけでも十分感覚がわかります。余裕があれば複数キーワードを試してみましょう。最低このくらいの入札価格を設定しないとほとんど検索結果に表示されないということを事前に知ること

で、その後の広告戦略に活かせるでしょう。

　もちろん、これは上記をすぐに判断するためのもので、この設定そのもので成果を上げるためではありません。必要な情報が手に入ったら本章に従って、本格的な設定に切り替える必要があります。

➡まずは、最速!広告文のポイント

　検索キーワードが広告に含まれていると、クリック率が高くなり、品質スコアが改善し広告費が安くなる傾向があります。たとえば、以下はYahoo! JAPANで「海外旅行」と検索した場合です。

■「海外旅行」検索結果

格安の**海外旅行**はエイビーロード | ab-road.net
www.ab-road.net/
人気の格安**海外**ツアーを多数掲載!エイビーロードで各社プランを賢く比較
韓国の格安ツアー - グアムの格安ツアー - 台湾の格安ツアー - 年末年始特集

海外ツアーは阪急交通社／公式 | hankyu-travel.com
www.hankyu-travel.com/
豊富な**海外**ツアーから選べる!希望プランが見つかる／阪急交通社
ハワイ旅行 - ヨーロッパ旅行 - 韓国ツアー - 海外旅行ランキング

海外旅行はJTB公式サイト | jtb.co.jp
www.jtb.co.jp/
SALE商品など価格重視プランもJTBもちろん安心安全の添乗員付きツアーも!

海外旅行は楽天トラベル | travel.rakuten.co.jp/kaigai
travel.rakuten.co.jp/kaigai/
海外旅行の予約なら楽天トラベル、クチコミも充実していて安心予約

海外旅行のツアー比較 | e-tabinet.com
www.e-tabinet.com/
海外旅行の専門会社が、あなたにおすすめの**旅行**プランをメール提案／e旅

　まず私たちは、「海外旅行」という言葉で検索しているため、広告の見出しや本文に「海外旅行」と入っているものに目がいきやすくなります。しかもYahoo! JAPANの場合は、丁寧にも検索キーワードと一致している「海外旅行」という文字が広告文上でも太字で強調されています（2015年時点でGoogleは太字強調なし）。このことにより、さらに目が惹きつけられやすくなります。

見出しにキーワードが入っていなくても高いクリック率を得る広告もあります。しかしまずは、「見出し」と「広告文」にそれぞれ1つずつ、検索されるキーワードが含まれるように広告文を作成することを目指しましょう。それだけで、広告作成の指針がはっきりして楽になるとともに、平均の品質スコアがかなり上がるようになります。

　次節で広告グループ、キーワードの設定についてのポイントを詳しく説明していきます。

2-7 広告グループとキーワードの分け方

　39ページの「品質スコアと広告費を理解しよう」でも触れたように、リスティング広告が有利なポジションで表示されるためには、入札価格と品質スコアの2つが重要です。入札価格は、あなたの事業予算次第でもあるので工夫に限りがありますが、品質スコアはリスティング広告の仕組みを押さえることで、有利になるように工夫ができます。

　高い品質スコアを獲得するために必要な要素の1つが、広告のクリック率の高さ（CTR）です。このクリック率を確保するための1番シンプルな方法は、

　「検索されるキーワードと、広告文にずれがないようにすること」

です。これは「広告グループとキーワードの分け方」によって実現できます。

　たとえば、あなたが「京都　ホテル予約」でGoogle検索をしたとしましょう。そのときに、「沖縄の格安ホテル！」という広告が出てきたらクリックしたいと思うでしょうか。しないですよね。あなたが調べているのは「京都のホテル」なので、この場合「京都ホテルの最安値予約」といったような広告をクリックしたくなるはずです。このズレがない広告は、「広告グループ」と「キーワード」の階層構造を理解できると、かんたんに仕組み化することができます。説明していきましょう。

　キャンペーン、広告グループ、広告・キーワードという階層構造の中で、最も重要なのが、「広告文はグループ単位で設定される」という点です。このことがきちんと理解できればリスティング広告の設定が非常に楽になります。

　次の図を見てくだい。このアカウントは「ホテルの予約サイト」を念頭においたグループ分けです。図の中の「京都　ホテル」というグループを

作成した場合、そこに1つの広告文が対応することになります。

■ グループ・広告文・キーワードの組み合わせ

広告グループを分ける基準は、実際に検索されるキーワードを意識します。たとえば、「京都　ホテル」という広告グループであれば、それに極めて近い組み合わせの検索キーワードを広告グループに設定することになります。具体的には、「京都　ホテル」「京都　ホテル　格安」「京都　ホテル　予約」「京都　ホテル　口コミ」などといったキーワードがよく検索されそうな言葉になるでしょう。同じように、「京都　旅館」というグループであれば、「京都の旅館」に関係した広告文とキーワードを設定することになります。

一見、「京都　ホテル」でも、「京都　旅館」でも京都の宿泊施設を対象にしているという点で、似たり寄ったりと思うかもしれませんが、検索ユーザーは「ホテル派」の人と「旅館派」の人がいて、検索のニーズも異なります。「ホテル派」の検索ユーザーと「旅館派」の検索ユーザーに、それぞれ異なるピンポイントの広告グループを作ることで、より広告のクリック率が高くなり、品質スコアが上がりやすくなるのです。

ここまでわかれば、あとは広告とキーワードをぴったり合わせます。下

の図を参考にするとわかりやすいでしょう。私たちは、ついつい1つの広告グループにたくさんのキーワードを詰め込みたくなってしまいますが、広告グループに設定した広告文と関係のないキーワードをうっかり盛り込まないようにすることが何より大切です。

■ 検索キーワードと広告文をぴったり合わせる！

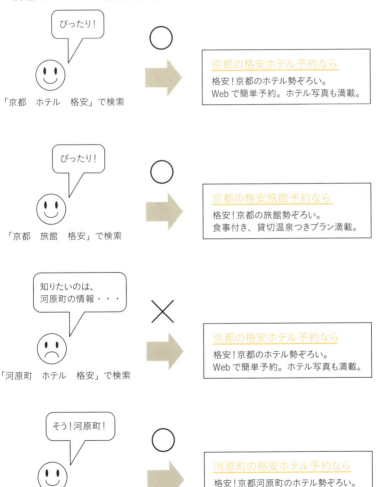

もし、キーワードのバリエーションを増やしたいのであれば、それに合わせて「グループ＋広告文」も増やしていくことが大切なのです。それだけをしっかり押さえておけば、ある程度高い品質スコアで広告を出すことができるようになるでしょう。

COLUMN

小さく計画を立て、小さくはじめ、大きな計画に繋げる

リスティング広告の最大の強みは、すぐに軌道修正ができるということです。

もし、あなたがリスティング広告の出稿をはじめて体験するのであれば、最初に力みすぎないことが大切です。個人であればともかく、会社としては新しい広告をスタートするということで、大きく計画や準備をしたくなるものです。

社内の予算の都合上などで無計画にスタートすることが許されないのであれば、まずは1ヶ月〜2ヶ月など（場合によっては1週間程度でもOKです）期間を決めて、数万円単位など、あなたにとって小額の予算でテストを行う計画書を作りましょう。その計画に沿った結果を判断して、中長期での広告のプラント設定を行う時間をもらうようにしてください。

事前に競合の調査などを行ったり、事業環境を調べたりしたところで、実際にはじめての広告テクノロジーを利用すると、想定外の事態が起こりがちです。その際、大きく計画を作りすぎたために軌道修正ができないとなると、事業としては大打撃です。

本来、リスティング広告は小回りの効く運用が強みなのですから、事前の計画で力みすぎて、強みを自分たちで殺さないように気をつけましょう。

COLUMN

頻繁にアカウントをチェックすることの落とし穴

　リスティング広告を運用していると、日々の広告費の減り方やコンバージョンの費用対効果などが心配で、ついつい毎日チェックをして一喜一憂してしまいます。アカウントのチェックを頻繁に行うこと自体は、常にリスティング広告の管理画面に触れる機会を作ることができるほか、日々の広告費やコンバージョンの動きを実感として把握できる点や、緊急事態への対応で望ましい点が多いのも事実です。

　一方で、頻繁にチェックしすぎることでありがちなリスクもあります。以下の2つについては、特に注意しておきましょう。

▶ たまたま売上が少なかった日の結果で、広告を止めてしまう

　運用している中で、特に理由もなく特定のキーワードや広告グループの費用対効果が極端に悪い日などが発生します。そういったタイミングで、反射的に広告を止めたり、入札価格を大きく下げたりという行為を繰り返しているうちに、本来売上に繋がるはずの広告をどんどん切り捨てる可能性が出てきます。

　広告を止めてしまったキーワードは、もしかしたらあと数日待てば、また費用対効果の高い成果を出してくれるかもしれません。

　「1週間は我慢する」

　「コンバージョンが発生しなくても400クリックは我慢する」

など、あなたなりの基準をしっかり設け、その場の感情に振り回されて、広告のオン、オフを行わないようにしまよう。

▶ 直近のコンバージョン数値は大きくぶれる

　昨日1日のコンバージョン数や、過去1週間のコンバージョンが振るわないからといって、結論を決めるのは早いです。34ページの「コンバージョンの仕組みを理解する」でも解説しましたが、コンバー

ジョンの数値は、コンバージョンを発生した人が広告をクリックした日に加算されます。したがって、遡って過去のコンバージョンが増え続けるのです。

　たとえば、4月1日〜4月30日までの広告の結果を直後の5月1日にチェックしたら、コンバージョン数が50件あったとします。これが、極端な場合、5月31日に同じ4月1日〜4月30日の結果を調べ直すと、コンバージョン数が100件くらい（2倍！）に増えているということが起こり得ます。

　業種や広告の出し方によるので一概にはいえませんが、筆者の経験では、こういった大きな数値のブレは、コンテンツ連動型広告などで発生することが多いようです。

　確実な広告の費用対効果を調べたい場合は、結果を焦らずに集計期間から1ヶ月を置いた数値を見直すことをおすすめします。

第 **3** 章

売上に直結させる
運用のポイント

3-1 売上に繋げるための入札額の考え方

➡ 入札価格は、最初は高めに

　本格的に広告をスタートするにあたって、最初の悩みはキーワードの入札価格でしょう。入札価格の考え方は2つあります。

　1つ目は、Google AdWordsを活用する方法です。設定したキーワードの「上限クリック単価」に表示されている画像をクリックすることで、そのキーワードの入札価格シミュレーションが表示されます。ここで、どのくらいの入札価格で、どの程度のクリック数が見込めて、どのくらい費用がかかるかが予想できます。

■ 入札価格シミュレーション

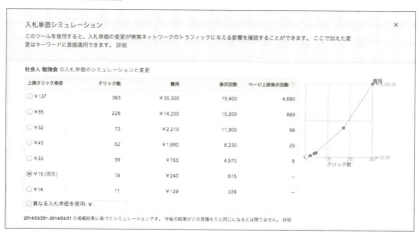

　もう1つは、第2章の「適切な広告費を決めるためのシンプルな方法」でも解説している、自社の商品の売上や利益から逆算して、妥当なクリッ

ク金額を割り出す方法です。何回クリックされたら商品が売れるかわからないという場合は、おおよその目安として100回のクリックで1回の購入があると考えて計算してみましょう。たとえば、入札価格を40円にして100回クリックされるとすると、4,000円の広告費がかかりますね。この場合4,000円の広告費を使っても利益が確保できるかどうか、というのが1つの目安です。

　最初の広告設定で重要なのが、広告費がもったいないからとあまりに低い金額で広告を出さないことです。リスティング広告のシステムは、実際の広告の表示回数やクリック率で品質スコアを算出するのですが、あまりに安い金額に設定してクリック数が少ないと、スコア算出に必要な情報が不足して、不相応に品質スコアが下がる場合があります。

➡ 拡張CPCを使って自動で成果を高める

　Google AdWordsに拡張CPCという機能があります。この機能を利用すると、Google AdWordsが、コンバージョンのパフォーマンスが高いキーワードを自動で判別して、設定している金額の最大で30％まで入札価格を上昇させる仕組みになっています。

　たとえば、コンバージョンを獲得するのにすごく安いキーワードがある場合、もっと入札価格を上げて、表示回数を増やしたほうが、成果が増えてメリットが大きいでしょう。通常、このようなキーワードは、自分でレポートを見ながら「あ、このキーワードはお得だからもっと入札価格を上げよう」という感じで手動設定する必要があります。しかし、拡張CPCをONにしておけば、お得なキーワードに関して、システムが30％まで入札価格を上げてくれるので、機会の損失が減少します。

　丁寧にレポートを見て細かい調整をしている方には、場合によっては邪魔にもなる機能ですが、広告を開始したばかりの方や、管理の時間にたくさんの時間を割けない方には便利です。

　拡張CPCは、「キャンペーンの設定」→「入札戦略」→「拡張CPCを有効にする」で設定します。

第**3**章 売上に直結させる運用のポイント

■ 拡張CPCを有効にする

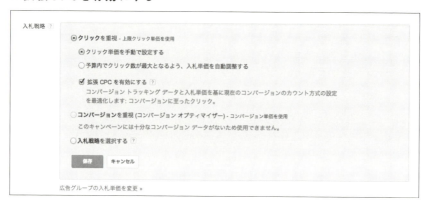

■ 拡張CPCの仕組み

入札価格を100円で設定

| キーワード「茨城空港レンタカー」で広告を出す。 | | たくさんコンバージョンした！
入札価格を自動でUP（133円まで） |

入札価格を100円で設定

| キーワード「成田空港レンタカー」で広告を出す。 | | あまりコンバージョンしない・・・。
入札価格は100円のまま |

▶ スマートフォンは、プレミアムポジションをおさえるしかない

　スマートフォン向けのリスティング広告の入札では、注意しなくてはいけないことがあります。それは、検索結果で2位以内に表示できなければ、著しくクリックの数が減るということです。すなわち「プレミアムポジション」と呼ばれる上位のキープが必須になります。次のスマートフォン利用時のGoogleの検索結果画面を見てください。

■ スマートフォンでの「海外旅行」検索結果

　このように、画面の1番上に広告が2つ並んでから、通常の検索結果が表示されます。3位以降の広告は画面をスライドさせたずっと下の方にしか表示されません。画面を開いたときのファーストビューに全く広告が表示されないため、いくら工夫をした広告文を作ったとしても、現実問題として検索ユーザーの眼に入るところまでたどり着かないのです。
　また、スマートフォンユーザーはPCユーザーと違って、デバイスの都合や通信環境の違いから、検索結果のページをいくつも見てくれず、ほとんど検索結果の上位に表示されたページで済ます傾向もあります。PCの画面の場合は、画面の上部と右側にずらりと広告が並んでくれるため、10位以内に広告が表示されればそこそこのクリックが見込めます。そのため、競争を極力避けて5位以下などで安めに入札をして利益を出すという方法もとれますが、スマートフォンでは、激しい競争に飛び込む必要があります。
　こうなると、広告の設定以上に、広告をクリックした先のWebサイトの作りや、事業戦略そのものが重要になってきます。

3-2 集客の要となる キーワードの選び方

キーワードの数は多いほうがいい？ 厳選させたほうがいい？

「最初にどのくらいの数のキーワードからはじめたほうがいいの？」
難しい質問です。

まず、あなたの扱っている商品・サービスは、広告を出すキーワードのバリエーションが多いか少ないかを考えてみましょう。たとえば、全国のホテルや旅行といった競合の多い商品を扱っているWebサイトであれば、「地名＋ホテル」「ホテルの名称＋予約・格安」などで膨大な量になります。万単位でのキーワードが予想されるでしょう。逆に、特定の業種への転職といったターゲットの範囲の限られた商品やサービスを扱うWebサイトなどでは、検索されるキーワードが絞られており、数少ないキーワードでの勝負になります。この場合は、厳選したキーワードで広告を出せばOKです。

いずれの場合も、リスティング広告の管理にかけられる時間が少ない、もしくはすぐに実行したい場合は、絞り込んだキーワードですぐに広告をスタートすることをおすすめします。特に、商品をたくさん扱っているWebサイトであれば、競争力のある商品に関係するキーワードから順番に広告を出していきましょう。たとえば、旅行サイトであれば、他社より価格競争力・コンテンツの充実したホテル、取り扱いの多い地域などからです。成功率が高い地域からテストをして徐々にキーワードを増やしていくので、効率的です。

一方で、広告の管理に十分な時間をとれるのであれば、最初に考えうるパターンを網羅して広告を開始すると、売れ筋のキーワードやそうでないキーワードが一度にわかります。広告出稿後のデータは、こちらの方が早く膨大なものが手に入るでしょう。とはいえ、ほとんどの場合は、広告を

出してからキーワードのパターンが十分に網羅できていないなどはじめて気がつくことも多いのが実情です。

　まずは、最短で広告が出せる状況にすることを筆者はおすすめします。

➡ 効果てきめんキーワードの共通点

　リスティング広告で効果が出やすいキーワードには傾向があります。効果の高い順番に紹介します。すぐに開始したいという場合は、次に紹介する（1）と（2）の指名キーワードを中心に広告を開始しましょう。

▶ 効果が極めて高いキーワード

（1）商品名・サービス名指名キーワード

　化粧品であれば、「ニベアクリーム」、旅行であれば、「帝国ホテル」といったように、固有名詞で指名してくるキーワードです。すでにキーワードに関係する商品・サービスに興味があり、クリックされる可能性が高く有望です。これらのキーワードに「通販」「予約」「格安」など購入に関わるキーワードが組み合わさるとさらに効果が高まります。

（2）悩み解決指名キーワード

　悩み解決に関わるキーワードは需要が高いです。たとえば、「肌荒れ」「借金返済」「永久脱毛」など。さらに、それらの悩み解決に関して、すでに具体的な解決策を知っていて、「肌荒れ」→「ヒアルロン酸」、「借金返済」→「借金　一本化」、「永久脱毛」→「レーザー脱毛」のように、キーワードにして検索する人がいます。そういった解決方法を絞り込んでいるキーワードは需要が明確なので狙い目です。

▶ 効果が高いキーワード

（3）悩み解決模索キーワード

　（2）で示した「肌荒れ」「借金返済」「永久脱毛」のように、悩みはあるが、解決策がまだ具体化されていないキーワードです。絞り込まれていな

いため効果は落ちますが、検索する人が多いのも特徴です。

(4) 一般名詞絞り込みキーワード

「旅行」「ホテル」「化粧水」といった一般名詞で広告を出しても、効果は決して高くありません。しかし、これらのキーワードを、「地域」「価格」「効果」などで絞り込んでいくと成果に結びつくキーワードになります。具体的には、「由布院　ホテル　予約」「化粧水　肌荒れ　おすすめ」などです。

▶ 効果が低いキーワード

(5) 一般名詞

上記の「旅行」「ホテル」「化粧水」のように絞り込まれていない一般名詞です。対象が広すぎて効果が低いことが多いです。

(6) 調べているだけキーワード

「腰痛体操」「自分で浮気調査　方法」「箱根観光コース」など、情報を調べているだけのキーワードです。商品・サービスの購入目的ではないキーワードであるため、ビジネスに繋がりにくいです。逆に競争が少ないため稀に当たることもあります。

➡ 成果が出るキーワードを見つける3つの方法

広告をはじめる前からSEOで十分売上が上がっていれば、既存の情報を参考に、キーワードを探すことができます。しかし本書を手に取られた多くの方にとっては、本格的な成果が出るのはこれからでしょう。手探り状態のなかで、有効なキーワードを発掘するための方法を紹介します。

▶ ツールを使う（Googleキーワードプランナー）

Googleが提供している、キーワードプランナーというツールを使うことで、あるキーワードがどのくらい検索されているのか、競合が多いか少

ないか、妥当な入札価格はいくらか、といったことがわかります。なお、キーワードプランナーを使うには、Google AdWordsのアカウントが必要です。

・Googleキーワードプランナー
　https://adwords.google.co.jp/KeywordPlanner

　キーワードプランナーの基本的な使い方を解説します。
　ログイン後、「キーワードと広告グループの候補を検索する」をクリックすると下記の画面が表示されます。調べたいキーワードを「宣伝する商品やサービス」に入力して、「候補を取得」をクリックします。「リンク先ページ」にURLを入れることで、入力したWebサイトに関連したキーワードも抽出してくれます。あなたのWebサイトや競合となるWebサイトのURLを入れると、関連性の高いキーワードの候補を知ることができます。

■ キーワードと広告グループの候補

　表示された検索結果から、「キーワード候補」をクリックします。

■ キーワード候補

![キーワード候補の画面]

入力したキーワードだけでなく、関連するキーワードの候補を抽出してくれるほか、月間平均検索ボリュームや競合性、推奨入札単価を教えてくれます。月間平均検索ボリュームの小さなアイコンにカーソルを合わせると、そのキーワードの1年間のボリュームの推移を見ることもできます。

■ 月間検索ボリューム

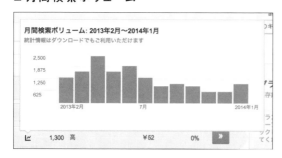

競合性は、「高」になっているものは競争が激しいことを指します。月間の平均検索ボリュームが高く、競合が低いキーワードはチャンスが大きいといえるでしょう。

候補の中によいキーワードを見つけることができたら、今度はそのキー

ワードを上記と同じ手順で検索することで、どんどん関連キーワードから効果の出そうなキーワードの候補を探していくことができます。

▶ 知り合いや、顧客に直接聞く

筆者がおすすめする、高い効果が見込める方法が、「実際のお客さん（お客さん候補）にあなたの取り扱っているサービスを検索してもらう」という方法です。

机上の空論で予想するよりも、海外旅行であれば海外旅行が好きな女性、会計ソフトであれば実際にソフトを触る自営業や経理担当者、アルバイトの求人サイトであればメインターゲットとなる学生など、実際にお客さんになりそうな人に、検索エンジンであなたの扱っている商品・サービスを検索するとしたら、どんなキーワードで検索するのか聞いてみましょう。できれば実際にパソコンの前で検索してもらう方がより参考になります。

お客さんの候補を見つけるのが難しければ、家族や親戚などにお願いしてもよいでしょう。自分自身やほかのスタッフが考えるよりも、なるべく事業者から離れた一般の人から聞いてみることをおすすめします。実際に調査してみると、自分たちが上位表示を狙っていたキーワードに比べ、かなり細かい組み合わせで消費者が検索をしているケースが多いことに気づくはずです。

▶ 競合のサイトを調べる

競合業者がどんなキーワードで広告を出しているのかを調べるのも効果的です。詳しくは第4章で解説します。

➡ キーワードのバリエーションの増やし方

せっかく成果の出るキーワードを見つけても、広告の表示される回数が少なくては、意味がありません。バリエーションを増やして、集客に繋げましょう。ここでは4つの増やし方を紹介します。

▶ 1 1つの広告文に対応する関連キーワードの組み合わせを増やす

関連キーワードの組み合わせを増やすことで、キーワードの幅が広がり広告が表示される量が増えるほか、ピンポイントのキーワードの組み合わせを見つけることで、より購入・申し込み意欲の強い訪問者を集めることができます。たとえば「アルバイト」なら、「アルバイト　新宿」「アルバイト　渋谷　短期」といったように地域名や条件と組み合わせます。「アルバイト」といった大雑把な言葉で検索する人よりも、「アルバイト　渋谷　短期」といったように地域や条件が明確な人のほうが、より申し込みへの意欲が強いことが期待できます。あなたの商品・サービスにあった組み合わせのパターンを事前に洗い出しておきましょう。

■ 組み合わせキーワードの典型パターン

購入予約系	通販、予約
価格系	格安、激安、無料、送料無料、安い、割引
地名系	都道府県、市区町村、駅名
手段系	方法、解決法、直し方、直す、修理
依頼系	代行、相談、制作、作成
安心系	安心、おすすめ

▶ 2 GoogleやYahoo! JAPANの検索結果の関連キーワードを参考にする

GoogleやYahoo! JAPANの検索結果には、「関連キーワード」が表示されている欄があります。Googleは、検索結果の画面上部と下部に、Yahoo! JAPANは、検索結果の下部に表示されます。

■ Google画面上部

■ Google画面下部

■ Yahoo! JAPAN画面下部

▶ 3　検索窓の入力補助を参考にする

GoogleやYahoo! JAPANの検索窓で検索を行おうとすると、入力補助となるサジェスチョンが表示されるのをご存知でしょうか。こちらのキーワードは関連度が高く、検索されることの多いキーワードのため、検索結果の関連キーワードと同様参考になります。

■ 検索窓の入力補助

これらのサジェスチョンについては、下記のツールを使うことで一挙に情報を取得することが可能です。

・**goodkeyword**
　検索窓にキーワードを入力して「検索」ボタンをクリックするだけで、GoogleとBingの検索結果のサジェスチョンを一挙に表示してくれます。ほかにも、Amazonや楽天市場、NAVERまとめ、Wikipediaなどのサジェスチョンも一括で調べる機能があります。

■ goodkeyword（http://goodkeyword.net/）

・**グーグルサジェスト　キーワード一括DLツール**
　検索窓にキーワードを入力して「検索」ボタンをクリックすることで、Googleのサジェスチョンを一括表示してくれます。このツールはGoogleの結果のみの対応ですが、データをCSVファイルとして一括でダウンロードできるのが特徴です。

■ グーグルサジェスト　キーワード一括DLツール（http://www.gskw.net/）

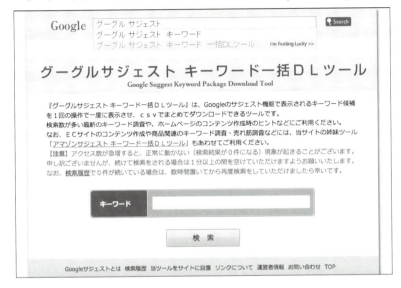

▶ 4　類義語を探す

キーワードのバリエーションを増やすために、主要な言葉の類義語を調べるのは大変有効です。類義語を探す際に著者がおすすめするのは、「類語辞典・シソーラス - Weblio辞書」です。調べたいキーワードを入れると、類義語を抽出してくれます。

■ 類語辞典・シソーラス（http://thesaurus.weblio.jp/）

3-3 広告表示に重要な「マッチタイプ」

▶ キーワードマッチをマスターする

　広告を丁寧に運用しようとしたら、必ず知っておかなくてはならないのがキーワードマッチの仕組みです。

　キーワードマッチとは、登録（入札）をしたキーワードと近い言葉で検索されたときにどのくらい拡張して広告を出すかを指定する機能です。

　たとえば、「海外ホテル」というキーワードで広告を出すにも、キーワードマッチの方式を変えるだけで広告の出方は全く異なります。「海外旅行」という言葉でぴったり検索されたときのみに広告を出すのか、「海外ホテル予約」「海外ツアー」といった、意味の近い言葉でも広告を出すのか、細かく範囲を調整することが可能です。うまく使い分けることで、広告費を節約したり、多くの検索ユーザーに広告を出したりできます。

　各設定の表示範囲を図で表すと以下のようになります。

■ キーワードマッチと表示範囲

▶ 完全一致

　検索キーワードが、設定したキーワードと一字一句同じ場合のみ広告が表示されます。たとえば、「海外　ホテル」というキーワードで入札をすれば、「海外　ホテル」というキーワードで検索した場合のみ広告が表示されます。これにより、後述する「フレーズ一致」や「部分一致」のように想定外のキーワードで無駄な広告費が発生することがありません。

　どちらかというと、すべてを完全一致にするのではなく、「売上が特に多い」「このキーワードだけは勝負したい」というキーワードに限って利用するのが効果的です。

■ 完全一致

▶ フレーズ一致

　完全一致よりも少しだけ、表示の範囲が広がります。「海外　ホテル」というキーワードをフレーズ一致で入札した場合、「海外　ホテル」というキーワードが含まれているさまざまなキーワードで広告が出ることになります。実際に「海外　ホテル　格安」「海外　ホテル　予約」「海外　ホテル　口コミ」「海外　ホテル　2015　ランキング」といったように、検索エンジン利用者はさまざまな言葉の組み合わせで検索をします。もし「完全一致」で「海外　ホテル」のキーワードを設定しているだけであれば、このようなさまざまなキーワードの組み合わせでは広告が表示されず、広告をクリックしてもらう可能性が減ってしまいます。

　フレーズ一致は、「海外」と「ホテル」の順番が入れ替わったキーワードでは広告が表示されません。あくまで設定したキーワードの前後にキーワードが増えた場合のみ拡張されます。次の絞り込み部分一致での設定で

も代用可能です。

■ フレーズ一致

▶ 絞り込み部分一致

　キーワードの前に「＋」の記号をつけることで設定できるキーワードマッチです。たとえば「＋海外　＋ホテル」といったように２つのキーワードの前に「＋」をつけると、この2つが順番も場所も関係なくどこかに含まれているあらゆるキーワードで広告が出ます。「海外ホテル」はもちろん、「ホテル　海外　安い」「海外のお得なホテルを知りたい」といったキーワードでも表示されます。

　実際に私たちが検索エンジンで調べるときは、フレーズ一致のように前後にキーワードが増えた場合だけでなく、2つや3つ組み合わせたキーワードの間に言葉が割り込んだり、前後が入れ替わったりなど、さまざまなバリエーションで、類似の意味の言葉が検索されます。

　とはいえ、たとえジャンルや意味が近くても、絞り込み部分一致で設定したキーワードが全く含まれていないキーワードで広告が表示されることはなく、想像できないようなキーワードで広告が表示されるリスクを避けることもできます。「キーワードもいろいろ拡張させて表示させたいけど、無駄な表示も抑えたい」というわがままな要望に答えてくれるのがこの絞り込み部分一致です。

■ 絞り込み部分一致

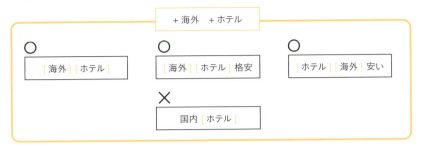

▶ 部分一致

最後に紹介するのが、最も表示範囲の広い「部分一致」です。名称こそ「部分一致」という名前ですが、「予測一致」と言い換えてもよい仕組みです。たとえば、「海外　ホテル」というキーワードを部分一致で設定した場合、「絞り込み部分一致」と同様「海外」「ホテル」が順不同に含まれたあらゆるキーワードで広告が出るだけでなく、Google AdWordsやYahoo!プロモーション広告が判断した、関連性の高いと思われるさまざまなキーワードで広告が表示されます。

思いもよらなかった意外な売れ筋キーワードを発見できることもあれば、無駄なキーワードで広告が出ることもあります。

■ 部分一致

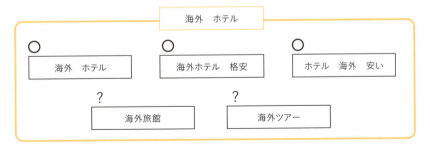

➡まずは、部分一致を中心に広告を打つ

　すでに紹介したように、リスティング広告には、「完全一致」「フレーズ一致」「絞り込み部分一致」「部分一致」という4パターンで、キーワードの設定が可能です。最初の設定でこのパターンの使い分けに悩んだ場合は、「部分一致」を中心に広告を出しましょう。「部分一致」の特徴は、広告を出したキーワードと部分的に一致するキーワード、関連度が高いキーワードに対して、広告を表示してくれる仕組みです。

　たとえば、「請求書」というキーワードを「部分一致」で広告を出したとします。そうすると「請求書　無料」「請求書　テンプレート」「請求書　Excel　テンプレート」などといった、「請求書」が含まれるキーワードで広告が表示されます。場合によっては、「せいきゅうしょ」「領収書」など、関連度が高いものや、誤字入力であっても、検索エンジンが自動で判断して広告を出してくれます。

　部分一致で広告を出しておくと、自分では調べきれなかったさまざまな組み合わせのキーワードで広告を出してくれるため、思いもよらなかった効果の高いキーワードを見つけることができます。一方で、売上に繋がらない無駄なキーワードで広告が出る可能性があるため、あとでキーワードを除外する必要があります。

　このような意図しない無駄を最初から少しでも避けたいのであれば、「絞り込み部分一致」の利用をおすすめします。ただし、「絞り込み部分一致」はリスティング広告初心者には感覚的に理解が難しいため、キーワードの設定がうまくできていないと、本来売上に繋がるはずのキーワードで広告が出ていないということが起こるリスクもあります。それでも広告費の無駄が発生する可能性を減らしたいのであれば、部分一致で設定するためにリストアップしたキーワードの先頭に「＋」をつけて、絞り込み部分一致に変更しましょう。

　最初からどうしても上位表示したい、決まったキーワードがある場合は、そのキーワードについては「完全一致」の設定もしておきましょう。

重要なキーワードは、完全一致にして広告グループを分ける

リスティング広告を運用していると、特定のキーワードが特にコンバージョンに高い貢献をしていることに気がつくでしょう。こういったキーワードが、たくさんのそのはかのキーワードと一緒くたになって、1つの広告グループに突っ込まれていたら要チェックです。

単体のキーワードで売上にも大きく貢献しているものは、そのキーワード専用で1つの広告グループを作って、「完全一致」で広告を出すと、改善やチェックが格段にしやすくなります。

次の図のように、1つのグループにたくさんのキーワードが入っていると、広告を変更したときにさまざまなキーワードにその影響が及んでしまいます。しかし、1つの広告グループに分けることで、本命のキーワードにしか広告の効果が影響しないため、十分に広告のテストや広告先のWebページのテストを繰り返して改善することが可能になります。

もちろん、広告グループをたくさん作りすぎると管理に手間がかかり過ぎるので、特に影響の大きいキーワードに絞って運用するのが望ましいでしょう。

■ グループ内に一緒くたになっているケース

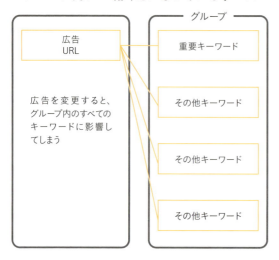

■ 重要キーワードを別のグループに分けたケース

3-4 すぐに成果が出る広告設定のノウハウ

➡ クリックされる広告文おすすめ4パターン

広告文は、限られた文字数で多くの人を惹きつけなければなりません。そのため、特にお客さんに訴求するポイントを絞った広告を作成する必要があります。すぐに使える広告文のパターン4つを紹介します。

▶ 価格訴求型

価格がどれだけお得なのかを具体的に表現します。
例）30％オフ、送料無料、○○円〜

■ 価格訴求型

> 讃岐うどんお試し送料無料
> 讃岐うどん1,250円で送料無料。
> 本場讃岐より産地直送。
> www.○○.com/

▶ 機能訴求型

ほかのサービスよりもどれだけ優れているのか、メリットがあるのかを具体的に表現します。
例）当日配送、3日以内に対応、5,000点のラインナップ

■ 機能訴求型

> 讃岐うどん当日発送します。
> 本場讃岐より当日直送。
> モンドセレクション受賞。
> www.○○.com/

▶ 希少性訴求型

期間や、個数などの限定を具体的な数字で強調します。

例）先着20名様限定、4月30日までキャンペーン中

■ 希少性訴求型

> 讃岐うどん先着20名送料無料
> 毎月先着の方、送料無料。
> 本場讃岐より産地直送
> www.○○.com/

▶ ブランド訴求型

ブランド名、海外からの輸入など、すでに認知があるステータスやブランドを強調します。

例）スウェーデンから直輸入、海外直輸入

■ ブランド訴求型

> 北欧インテリア雑貨直輸入
> デザイナーズ雑貨直輸入
> イッタラ、マリメッコなど500点以上
> www.○○.com/

ポイントは、抽象的な表現を避け、すべて具体的な数値や言葉を入れることです。まずは、自分の商品の特性にあったパターンで広告文を作りましょう。長期的には、別のパターンも作成してテストしてみるのがよいでしょう。

▶ キーワード自動挿入機能で、検索キーワードとぴったりの広告を自動表示

広告文と入札キーワードをぴったり同じように合わせるのは効果的ですが、1つ1つ対応する広告グループと広告文を増やしていく必要があり、大変手間がかかります。そんな手間を大幅に減らしてくれるのが、「キーワード自動挿入機能」です。通常の広告文作成時に、タイトルや広告文な

どの文章の一部に特殊な記法を使うことで、その箇所にキーワードの自動挿入機能が適用されます。

下記のような広告の作成を例に挙げましょう。

■{KeyWord:北欧雑貨}通販

```
{KeyWord:北欧雑貨}通販
デザイナーズ雑貨直輸入
イッタラ、マリメッコなど500点以上
www.○○.com/
```

"{KeyWord:北欧雑貨}"の部分が、キーワードが自動で挿入される箇所です。たとえば、「デンマーク雑貨」という入札キーワードを設定した場合は、「デンマーク雑貨」のキーワードで検索すると「デンマーク雑貨通販」と表示されます。「スウェーデン雑貨」であれば、「スウェーデン雑貨通販」、「北欧マグカップ」の場合は「北欧マグカップ通販」といった具合に、"{KeyWord:北欧雑貨}"の箇所が入れ替わります。

もし、入札したキーワードが長すぎる場合は、代わりに「北欧雑貨」が自動挿入されます。自動挿入は便利な機能ですが、場合によっては不自然な日本語の広告文になることもあります。自動挿入後の広告がどうなるかは、検索エンジンで実際に入札しているさまざまなキーワードで検索してチェックしましょう。

■自動挿入したキーワードは検索エンジンでチェック

{KeyWord: 北欧雑貨 } 通販

「デンマーク雑貨」で検索 → デンマーク雑貨通販

「スウェーデン雑貨」で検索 → スウェーデン雑貨通販

「北欧マグカップ」で検索 → 北欧マグカップ通販

「スウェーデンのマグカップがものすごく激安」で検索（文字が多すぎる） → 北欧雑貨通販

サイトリンクオプションでかんたんに広告の クリック率をアップ

リスティング広告では、広告が画面上部（プレミアムポジション）に表示されたとき限定で、Webサイトのリンクを複数追加することが可能です。

■ サイトリンクオプション

海外格安航空券はJTB - jtb.co.jp
www.jtb.co.jp/
JTB／発券手数料0円｜24H予約可能 比べて納得の品揃え・価格の海外航空券
空席のみ一括検索・340日先まで予約可・燃油などの諸税込み
35,646 人が Google+ で JTB をフォローしています
ビジネスクラス航空券 - オンライン予約の特徴 - 海外ホテルはこちら

Google

海外格安航空券はJTB | jtb.co.jp
www.jtb.co.jp/
JTB／発券手数料0円！24H予約可能比べて納得の品揃え・価格の海外航空券
オンライン予約の特徴 - 海外ホテルはこちら - ビジネスクラス航空券

Yahoo! JAPAN

この機能は、Google AdWordsの場合は「サイトリンクオプション」、Yahoo!プロモーション広告の場合は「クイックリンクオプション」といいます。通常の広告で設定したリンク先以外に、同一サイト内の複数のリンクをさらに追加することができます。

このリンクを設定すると、それだけで広告の表示欄が縦に広がり、言葉も増えることから高確率でクリック率が上昇します。特に、Googleはサイトリンクが2行に渡ることもあり、かなり目立ちます。一手間でパフォーマンスが改善するため、おすすめです。もちろん、サイトリンクがクリックされても広告費がかかります。

それぞれ、

Google AdWords：「キャンペーン」　→　「広告表示オプション」
Yahoo!プロモーション広告：「キャンペーン」　→　「広告表示オプション」

から、設定が可能です。

■ サイトリンクオプションの設定

　そのほか、Yahoo!プロモーション広告では、「電話番号」を、Google AdWordsでは、「電話番号」「住所」を表示することができます。「電話番号」のオプション表示は、Yahoo!プロモーション広告ではスマートフォンに広告を配信したときのみ可能になります。電話番号がスマートフォンに表示されるメリットは、検索結果で電話番号をクリックしただけで、すぐに電話が繋がるようになるというのが1つです。また、電話対応を積極的に受け付けているという印象を、広告の時点でも明らかにできるのも大きいでしょう。Google AdWordsではPCでも表示されますが、クリックしても電話が繋がるわけではなく、印象面でのメリットのみとなります。

　「住所」を表示するメリットは、その地域でお店などを探しているとき（たとえば、「新宿　映画館」など）に、広告で近くの住所が出てくればクリックされる率が上がります。サイトリンクと同様、住所が表示されることで広告の表示範囲が広がるというメリットもあります。

➡コールアウト機能を使って、広告の情報を増やす

　Google AdWords限定でコールアウトの設定が可能です。コールアウトとは、サイトリンクと同様、広告が画面上部（プレミアムポジション）に表示されたとき限定で、商品やサービスの情報を広告文の下に追加で表示させることができる機能です。

■コールアウト

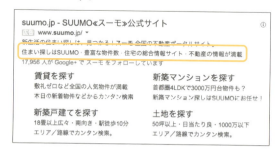

　サイトリンクと似ていますが、サイトリンクと異なりリンクにはなっておらず、この箇所をクリックしても広告費は発生しません。単純に、広告として表示される情報を増やせるので、設定しておいて損はないでしょう。
　電話番号、住所、コールアウトなどの機能も、サイトリンク同様に

「キャンペーン」　→　「広告表示オプション」

から、設定できます。

第 **4** 章

リスティング広告から
ガンガン売れるサイトに
変えるには

4-1 なぜリスティング広告の設定が上手でも売れないのか?

➡ リスティング広告と相性のよいWebサイトのポイント

　リスティング広告の設定をいくら極めても、残念ながらWebサイト側に問題があれば、成果に繋がりません。仮にプロの業者に設定を依頼しても成果が出なければ、Webサイトを直したほうが早く成果に繋がるでしょう。

　では、リスティング広告と相性のよいWebサイトにするために意識しなくてはいけないのはどのようなポイントでしょうか。以下の2点が重要です。

▶ 1　検索している人のニーズに一致したWebページを提供できているか

　リスティング広告は、検索で調べている人をお客さんとして集めてくる広告です。検索している人というのは、「目的」をもって検索エンジンにキーワードを入れて検索をします。そのキーワードごとに、何かしらの意図が存在します。

　その人たちが抱えているニーズや背景をキーワードから読み取る必要があります。いくら商品の宣伝文句を並べても、相手の意識に届かなければ全く意味がありません。「自分が伝えたいこと」よりも、「相手が調べていることは何か」「どんな気持ちで調べているか」にフォーカスする必要があります。

▶ 2　同じように広告を出しているライバルサイトに勝てている要素はあるか

　リスティング広告から訪れる人のほとんどは、あなたのWebサイトだけでなく、同じキーワードで検索結果に隣り合って表示された、いくつかの

Webサイトを比較して行動を起こします。いくら広告で人を集めても、競合のWebサイトの方が魅力的であれば、比較の対象（ダシ）にされるだけで、競合サイトが最終的にお客さんを奪っていってしまいます。

➡ 広告の管理と同じくらいLPO対策に力を入れる

では具体的に、Webサイトを改善してライバルに勝つにはどうすればいいのでしょうか。大事なのは

「広告からアクセスしてきた直後のページを魅力的なものにしてお客さんを引き止めること」

です。

▶ LPOという言葉を知っておこう

リスティング広告で成果を出すために、広告の管理と同じくらい重要なのがLPO（Landing Page Optimization）です。これは、リスティング広告を含む検索エンジンから最初にお客さんが訪れるページを最適化することを指します。トップページの画像や、キャッチコピー、説明の文章、ボタンのクリックのしやすさなど、検索エンジンのキーワードに合わせて、訪問者が最も使いやすいように改善していくことです。

▶ A/Bテストを実施する

LPOの肝といえるのが、A/Bテストです。異なる2つのパターンのページを用意して、どちらのページに訪問者を誘導するほうがより商品・サービスの購入や申し込みに繋がるかをテストします。リスティング広告の場合は、まず2種類のページを用意します。広告の均等表示でそれぞれ別のURLを設定することで、同時に2パターンの広告に訪問者を半々流し込み、どちらのパフォーマンスが高いかを調べることができます。

■ LPOとA/Bテスト

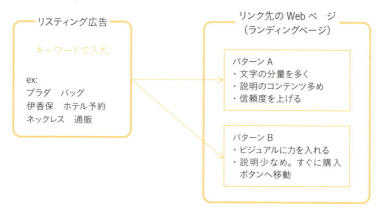

キーワードに合わせて、Webページのパターンをテストする。

　2つのページを用意するのが面倒な場合は、A/Bテスト用のツール（Webサービス）を使うことで、かんたんにテストパターンのページを作成して、詳しい解析結果をレポーティングしてくれます。代表的なA/Bテストのサービスとしては、Optimizelyがあります。

・Optimizely
　https://www.optimizely.jp/

4-2 すぐにできるWebサイト改善術

➡ Webサイトのキャッチコピーを見直す

　リスティング広告の成果がよくないと、すぐに「Webサイトのデザインが悪いのか？」と考えてしまいます。しかし、デザインを修正するというのは大変手間がかかります。また、そこまでオシャレではなくてもなぜか売れているWebサイトがたくさんあるのも事実です。

　リスティング広告の成果を高めようと思ったら、まず考えて欲しいのが「Webページを開いて、目に入ってくる言葉は何か？」という点、すなわち、キャッチコピーです。なぜキャッチコピーが重要なのでしょうか。大きく2つの理由があります。

▶ 1　効果が高い

　検索エンジンから訪れたユーザーは、キーボードで言葉を入力して、「頭の中が検索した言葉でいっぱい」の状態でやってきます。これは、Webサイト上の言葉に極めて反応しやすい状態です。重要なのは「いい意味でも、悪い意味でも」言葉に反応しやすいという点です。ユーザーの期待にピッタリのキャッチコピーを見せることで虜にすることができます。逆に、「このフレーズは違う」と思われたときのマイナスの影響も大きいのです。そのため、キャッチコピーの工夫次第で、ユーザーとの食い違いを避けたり、さらに多くのユーザーを集めたりできます。

▶ 2　画像よりも、修正・チャレンジがかんたん

　すばらしいキャッチコピーを考えるのは大変ですが、Webサイトの手直し自体はかなりシンプルな作業なので、何回でもチャレンジができます。キャッチコピーのさまざまなパターンを試して、「当たり」が出るのをあきらめずに狙い続けることがより大切です。

➡️ お客さんを惹きつけるキャッチコピーを作るためのポイント

では、どんなキャッチコピーにすれば、Webサイトに訪問してもらえるのでしょうか。以下の4つがポイントになります。

▶ 1　言葉は簡潔に

たくさん情報を詰め込もうとして、ダラダラと長い文章にならないようにしましょう。文字数が多いと、キャッチコピーを読んだ人は頭に言葉が入りにくくなります。詳しい話は、キャッチコピーの後に文章を補足すればよいのです。

▶ 2　相手の理解できる言葉にする

取り扱っている商品・サービスに詳しいばかりに、専門知識や難しい言葉をキャッチコピーの中に入れてしまわないようにしましょう。あなたの商品・サービスに詳しくない人が読んでも理解できる言葉になっていることが重要です。

実際に、友人や家族などで予備知識がない人に理解できるコピーか、意見を聞いてみるのもおすすめです。

■ 航空券検索の例

最新の検索システム、ジュピターver1.2 を利用した航空券検索シミュレーションシステムです。ありとあらゆる航空券を横断して検索できます。	システムの名前を言われても専門的なことはわからないうえ、突き放された印象を受ける。何がメリットなのかもわからない。

あなたにピッタリの格安航空券を60秒で検索予約。	Webサイトで何ができるのかが明確。言葉も簡潔でわかりやすい。

▶ 3　伝える内容は1つに絞る

魅力をたくさん詰め込みすぎて、何を伝えたいのかわからない、ということがないようにしましょう。「価格が安い」「売れている」「有名企業が採用している」「有名デザイナーによるデザイン」「プロの職人が本気で作った」などなど……何が1番伝えたいことなのか絞り込むことが大切です。

▶ 4　数字や単語などを具体的にする

抽象的な言葉ではなく、具体的な数字や単語を入れるようにしましょう。「世界中で高い評価」よりも「モンドセレクション3年連続金賞」、「たくさん売れています」よりも、「月5,000件の販売実績」。具体的な方が、コピーの反応率が格段に上がります。

■ スイーツ販売の例

| 私たちは、まごころを込めて日々お客様を大切にした商品づくりを続けております。 | 何のサービスなのかわからない。言葉もことごとく抽象的。 |

| モンドセレクション3年連続金賞。京都抹茶スイーツ専門店。 | 商品の信用の基準が具体的で、何に強いお店かも明確。 |

➡ 訪問者の興味の深さに合わせてコンテンツをつくる

　Webサイトのコンテンツのボリュームについては、商品やサービス内容によって異なるため、的確な答えはありません。また、訪問者のニーズによっても変わります。

　たとえばAmazonは、明確な目的を持って買物をするユーザーが多く、そのため商品ページの構成はシンプルで機能的に作られています。一方で楽天市場は、ウィンドウショッピングのように買物を楽しむ利用者が多

く、お店も調べて辿り着くというよりは、ランキングやオススメからなんとなく見て回る利用者が多いのが特徴です。それに合わせて楽天市場のWebページは縦に長く、たまたまやって来たお客さんをその気にさせる、ユニークなコンテンツを展開しているショップが豊富にあります。

■ Amazon

シンプルで機能的

■ 楽天市場

縦長で、画像やキャッチコピー中心

化粧品であれば「個別の商品名」、旅行系であれば、「ホテル名」といった明確に絞り込んだニーズや、「化粧水　50代」、「地名　ホテル」のように、情報を調べ始めたようなキーワードでは、説得的な豊富なコンテンツや関連商品などの選択肢の豊富さを提示する必要があります。化粧品のような単体の商品ページであれば、紹介は1ページ内にまとめて購入手続きは別ページにする、旅行などであれば、おすすめのコースやプランごとに別ページを用意するなど、豊富な選択肢を提示するといった工夫をしましょう。

■ キーワードによって訪問者の関心の深さが異なる

情報を絞り込んでいる
訪問者が多いキーワード
・シンプルなデザイン
・必要な情報をわかりやすく
・購入・問い合わせにすぐ誘導

絞り込まれていない
ぼんやりしたキーワード
・魅力的なキャッチコピー
・説得するための豊富なコンテンツ
・関連商品などの選択肢

➡ ページの表示速度を改善する

　意外と盲点なのがWebサイトの表示速度です。Webページの表示速度は、現在最も優先して対応すべきポイントの1つです。その理由は以下の2つです。

▶ 1　リスティング広告の品質スコアそのものに影響する

　第2章の「品質スコアの決定要因」で解説しているとおり、Webサイトの表示速度は品質スコアに影響します。

▶ 2　ユーザーの購入率に影響する

　Webサイトの表示スピードは、消費者の購買行動に明らかな影響を与えます。特に、スマートフォンユーザーへの影響は非常に大きいといえます。現在、通信速度が高速になってきているとはいえ、モバイルの通信は場所や状況によっては遅くなることもあり、Webページの表示が遅いこと

は利用者にとって大きなストレスになるでしょう。筆者の経験では、表示速度を徹底して改善することでスマートフォン経由の売上が倍以上増えたというケースもあります。

　Googleが提供しているツールを使うと、PCとモバイルのデバイスごとに修正のポイントを細かく教えてくれます。

■ Google PageSpeed Insights
（https://developers.google.com/speed/pagespeed/insights/）

　利用方法は、URLの入力欄に分析したいWebサイトのURLを入れて「分析」ボタンをクリックするだけです。分析結果には、HTMLやCSSをどのくらい縮小してサイズを軽くすることができるか、画像の圧縮について、ブラウザのキャッシュやJavaScriptの記述方法といったWebサイトのソースコードに関わるポイント、サーバーの応答速度といったさまざまな要因と対応策を提示してくれます。実際に100点満点の点数でPCとモバイル両方の表示結果を分析してくれるので、Webサイトの状況を把握する目安になります。

➡ PCとスマートフォンのデザインをそろえる

　通勤中や昼休みにスマートフォンで気になるWebサイトをチェックして、帰宅してから自宅のPCでじっくり買物をする場合や、逆に職場のPCでWebサイトをチェックして、帰宅後にベッドで寝転がってスマートフォンで買物といったような行動パターンが増えてきています。

　PC、スマートフォン両方にそれぞれ対応しているWebサイトを作っている場合に気をつけなければならないのが、PCとスマートフォンで、デザインや使い勝手をなるべく同じにするという点です。上記のようなシチュエーションで、あまりにPCとスマートフォンのWebサイトで使い勝手が異なると、ユーザーは離れていってしまいます。

　スマートフォンとPCでWebサイトの色やデザインイメージが異なると、利用者は混乱します。また、スマートフォンでたどり着いたページにPCからはなかなかたどり着けない……といったようなことが起こらないようにしましょう。

　もし、スマートフォンに最適化したサイトとPCに最適化したサイトが大きく異なる場合は、PC版・スマートフォン版双方に切り替えることのできるボタンをサイト内の1番上に設置しておくというのも、選択肢として考えられます。

■ マルチデバイスのユーザーに対応できているか？

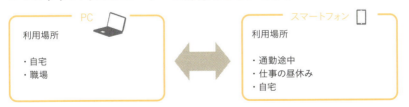

4-3 悩んだらライバルを参考にしよう

➡ ライバル企業がどこにいるかを調べる

　あなたのWebサイトがよほど独自の商品・サービスを扱っていない限り、競合のサイトが存在します。リスティング広告を出すにあたって、どんな相手と競争をしているのかは可能な限り詳しく知っておく必要があります。

　ライバル企業を探すには、あなたが検索キーワードの候補として抽出したキーワードで順番に検索して、リスティング広告の1位〜10位、一般の検索結果の1位〜10位のサイトを記録していきます。たとえば下記のように、主要なキーワードごとにExcelで情報をまとめてみましょう。

■ Excelでキーワードをまとめる

	A	B	C	D	E
1					
2	キーワード：転職 女性				
3					
4	リスティング広告サイト1位〜10位		一般の検索結果サイト1位〜10位		
5	リクナビNEXT		マイナビ転職		
6	@Type		@Type		
7	アズール＆カンパニー		とらばーゆ		
8	リクルートエージェント		エン・ジャパン		
9	マイナビエージェント		ダイヤモンド（記事）		
10	DODA		日経キャリアネットWoman		
11	はたらいく		DODA（働K 女の悩み相談室）		
12	マイナビ転職		DODA（ウーマンキャリア）		
13	AsLinkWork		salida		
14	CarreerIndex		リクナビNEXT		
15					
16					

　いくつかのバリエーションのキーワードで検索してみると、何回も目にするWebサイトがいくつか出てくるはずです。かなり広範囲のキーワードに広告を出し続けている会社のWebサイトは、実際に収益が出ている可能性が高く、参考になります。また、実際にお客さんになる検索ユーザーは、あなたのサイトに訪れているだけでなく、ライバルとなるそれらのサイトとあなたのサイトを比較しています。それらのサイトと自分のサイト

100

の違いを見抜くためにも、時間をかけてでも競合をリストアップしておきましょう。

また、複数の単語を組み合わせたニッチな検索キーワードでしか広告が表示されないサイトがあったら、それもリストに加えましょう。ニッチなキーワードに限定して広告を出しているとすると、激しい競争を避けて堅実な広告戦略を実施している可能性が高いです。また、そういったWebサイトが好んでいるキーワードは費用が安く効果が出やすいお宝キーワードの可能性も高いといえます。

注意点は、Webが売上の中心ではない有名企業などを広告でよく見かける場合、その会社はライバルではありますが、参考にするべきWebサイトではないことが多い、という点です。もともとの会社の認知度が高いことと、Web以外でも大きな利益が出ていることから、Web事業では赤字でもたくさん広告費を投下して、上位を専有している可能性があります。

ライバル企業が入札しているキーワードを参考にする3つの方法

ライバルの企業がわかったら、その企業がどんなキーワードでリスティング広告を出しているのか調べることで、自社で設定するキーワードの方向性が絞り込めます。ただし、完璧な情報をとるのは難しいので、限定された方法でアプローチする必要があります。ここでは3つのアプローチを紹介します。

▶ 1 Googleで検索する

あなたが自社のサイトの候補にしたキーワードで実際に調べてみましょう。検索したキーワードでライバルとなるWebサイトがどのくらい出てくるのかで事前に競争が激しいかどうかが予想できます。また、ライバルが入札しているキーワードは有望なものであることも多く、実際に広告を出したときに売上にも繋がる可能性が高いでしょう。ただし、自分が抽出したキーワード以上のデータはわからないのが難点です。

▶ 2　ライバルのWebサイト内のキーワードを参考にする

　競合サイトを分析して、その中によく使われているキーワードを参考にする方法です。特に競合サイトがたくさんのカテゴリや商品を取り扱っている場合は要注意です。各ページのテーマとなる主要なキーワードでリスティング広告を出している可能性が高いので、リスト化しましょう。

　その際、重要なのは各ページの「タイトルタグ」です。こちらは、SEOチェキ（http://seocheki.net/）というツールにURLを入れればかんたんに調べることができます。たとえば、タイトルタグが「リッチモンドホテル博多駅前」となっているページが存在すれば、そのキーワードでリスティング広告を出している可能性が高いといった形です。本当に広告が出ているかどうか、実際に検索をして確認しましょう。このように一手間かけて競合が何をしているのかをしっかり調べることが大きな差に繋がります。

　また、第3章で紹介したGoogleキーワードプランナーで、対象のライバルサイトのURLを「リンク先URL」に入力することで、関連する候補のキーワードを洗い出してくれます。

　これらによって、抽出したキーワードをExcelなどで候補としてリスト化していきましょう。

▶ 3　調査ツールを使う

　ある程度の規模のWebサイトに限定されますが、調査ツールを使うことで、そのサイトにどんなキーワードからアクセスがあるかの予測データを調べることが可能です。各ツールが独自で取得しているデータなので、必ずしも正確なものではありませんが、参考になるでしょう。

　SimilarWebは、海外のサイト解析ツールです。調べたいサイトのURLを入れると、アクセス数や、アクセス元、どのようなキーワードで検索されたかを調べることができます。一般の検索と、リスティング広告を分けたデータが表示されます。

■ SimilarWeb (http://www.similarweb.com/)

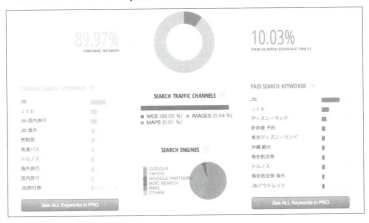

　FerretPLUSの「秘密ワードPro」でも、同様に調べたいサイトのURLを入れると、どのようなキーワードで検索されたかを調べることが可能です。こちらのツールは、一般の検索とリスティング広告の区分なく情報が表示されます。

■ FerretPLUS (http://tool.ferret-plus.com/skwsearch)

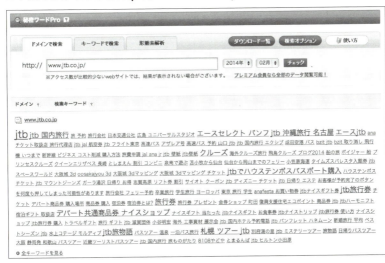

➡ 強みのポイントを分析して対策を練る

　ライバル企業が勝負をかけているポイントを調べるのは非常に重要です。ある特定のポイントが強い競合サイトに収益が出ていそうであれば、そのポイントがお客さんにニーズがあるということです。

　実際にそれぞれのWebサイトに収益が出ていそうかを判断する目安としては以下のポイントがあります。

【収益の見極めポイント】

・リスティング広告の主要なキーワードで上位表示をしている

　広告の上位表示には費用がかかるため、さまざまなキーワードで上位表示を維持し続けるには利益が出ている必要があります。

・頻繁に新着情報や商品の入れ替わりなどを更新している

　収益が出ているWebサイトほど活気があるため、Webサイトの更新が頻繁に行われています。

　このように、収益が出ていそうなWebサイトをいくつか見つけたら、それらを参考に、競合となる企業は何が優れているのかを分析する必要があります。ここでは代表的な強みのポイントを紹介します。

【競合の強みのポイント】

・価格型

　商品の価格が優れている場合です。基本の価格が安いほか、積極的にセールを行っていたり、送料無料、初回無料などの価格に関係する付加サービスが存在したりします。

・品質保証型

　商品の交換対応や、満足がいかない場合の全額返金保証、認証や特定の賞を受賞している、などがあります。また、サポートがメールだけでな

く、チャット、電話、フリーダイヤルなど充実しています。

・事例・口コミ型
　利用者の事例や、商品に対してたくさんの口コミを集めています。特に事例に関して、実名や写真入りで豊富に紹介されていると強いです。

・商品バリエーション型
　とにかく商品のラインナップが多いWebサイトです。取り扱い商品が多いだけで、訪問者の取りこぼしが少なくなるほか、訪問者は事業規模が大きいと感じ安心します。また、品数が豊富なことから、関連商品の購入によるリピーター化が起きやすいです。

　これらの競合の強みを分析しながら、自社に何が足りないのか、逆に真っ向から戦ってはいけないポイントはどこかなど、戦略を立てる必要があります。

➡️ライバル企業のリスティング広告戦略を分類する

　競合のリスティング広告の出し方を調べる際に重要なのが、リスティング広告のリンク先のWebページです。リンク先Webページからわかるリスティング広告の戦略は主に2パターンあります。

▶ トップページ・ランディングページ集中戦略

　あらゆるキーワードからのリンクが、メインサイトのトップページか専用ページ（ランディングページ）に集中しているケースです。ニッチな健康食品や化粧品のように、リスティング広告で狙えるキーワードが限られている商品や、商品そのもののパターンが少ない場合に頻繁に見られます。
　ライバル企業のリスティング広告のリンク先が専用ページになっている場合は、リスティング広告の設定ノウハウ以上に、リンク先のページのクオリティが重要です。専用ページを複数パターン用意して、どのパターン

が1番コンバージョンに結びつきやすいか、91ページで紹介したA/Bテストを行うことをおすすめします。

▶ 大量ページ分散戦略

　ホテルや日本中のツアーを扱う旅行系のサイトのように、ビジネス上、取り扱う商品・サービスが多くページが大量になるWebサイトに見られます。この場合は、1つ1つの広告キーワードや広告文と、クリック後のWebページがしっかり一致していることが重要になります。

　細かいキーワードで検索してきた訪問者を、すぐに目的の情報があるページに導く必要があります。リスティングの設定を細かくチューニングする必要があるでしょう。たとえば、ホテル予約サイトのパターンを考えてみましょう。ホテル予約サイトの場合、検索されるキーワードは主に、下記のパターンがあります。

　（1）「ホテル予約」
　　　例）ホテル予約、ホテルネット予約

　（2）「地域名＋ホテル」
　　　例）名古屋ホテル

　（3）「ホテル名」
　　　例）名古屋マリオットアソシアホテル

　（4）「属性＋ホテル」
　　　例）名古屋温泉付きホテル、名古屋女性フロア付きホテル

　この際に、（1）の「ホテル予約」といったおおざっぱなキーワードであれば、全国からホテルを検索できる検索窓があるトップページを表示します。（2）のケースで「名古屋＋ホテル」という場合は、名古屋地域のホテルリストや、名古屋地域で特に人気のあるホテルのランキングなどのペー

ジを表示します。また、(3) のケースのように、直接ホテルの名称を指名で探してくる訪問者には、そのホテルの詳しい情報や予約が可能なWebページを表示する必要があります。(4) のケースは、名古屋の温泉付きホテルやレディース専用フロアがあるホテルなどの特集ページを作り、誘導することになります。

　こういった1つ1つのパターンに対して、ライバルがどのように対応しているのか、分析する必要があります。たとえば、「名古屋マリオットアソシアホテル」といったようにホテル名で検索された場合に、競合サイトがホテルの詳しい情報や宿泊プラン、写真の点数やクオリティなどに力を入れているようなら、当然あなたのWebサイトも同じように力を入れるか、差別化を図る必要があるでしょう。いくら、広告の品質スコアを高めてクリックを増やしても、Webページの魅力が劣っていれば売上に繋がる確率は下がってしまいます。

　「写真のクオリティや枚数だけは必ず勝つ」
　「プランの数でNo.1になる」

といったように、あなたのWebサイトが目指す強みを定めて、Webページに活かすことが大切です。

ライバルを出し抜くための Webモデルの考え方

「80対20の法則」というのをご存知でしょうか。ビジネスでいうと、多くのお店の80％の売上は20％のお客さんが作っているという説です。もちろん、その20％はリピーターによる収益です。

不動産や税務顧問、弁護士顧問といった士業、業務用の機械製品など、商品・サービスによっては、検討から購入まで、非常に時間がかかるものがあります。そのような場合、Webページを訪れた人がそのまま帰ってしまえば、二度とそのWebページを訪れることがないケースが大半です。しかし、その一期一会の人の中に、長い目で見て利益をもたらしてくれる可能性のある人もいるかもしれません。その可能性をつかめるかどうかでビジネスは大きく変わります。

➡ 訪問者をリピーターにする

検討から購入まで時間がかかるサービスを扱っているWebサイトを運営している場合は、購入への敷居が高すぎる場合があります。かといって、悩んで帰ってしまうお客さんをそのままにするのも機会損失です。このようなケースで有効な手段が、「無料オプトイン」です。

オプトインとは、相手の許可を得て情報を入力してもらう方法をいいます。まずは、購入ではなく、有益な情報と引き換えにメールアドレスなどを登録してもらいます。

たとえば、高額の商品の場合は、無料資料やレポート、セミナーなどを最初のアクションに設定する、メールマガジンの登録を促す、Facebookページや Twitter、LINE@に登録してもらう、無料ユーザー登録をしてもらうなど、購入前のアクションで、何度も関係を持つチャンスを得ることも可能です。この場合欲張らずに、訪問者に取ってもらうアクションを1つに絞ることが大切です。

【例】
・無料レポートと引き換えに、メールアドレスを入力してもらう
・Facebookページのファンになってもらう
・LINE@に登録してもらう
・Twitterをフォローしてもらう
・無料のスマートフォンアプリをダウンロードしてもらう
・有効なノウハウを提供するメールマガジンを提供する

■ 無料オプトイン

➡1回目のお客さんからの利益を捨てる

　ECサイトで1番大変なのは、1回目に購入してもらうことです。登録が必要だったり、配送料金、配送日数がよくわからなかったりと、訪問者は、最初は不安な気持ちでいっぱいです。一方で、一度購入してしまえば安心感も増して、次回からは購入の心理的な敷居がぐっと下がります。

　そこで、はじめてのお客さん向けに、送料無料キャンペーンや、はじめてのお得なセット、もしくは利益度外視の初回購入用の商品を用意して、まずは「買ってもらう」という経験を作るパターンです。このように、お客さんが最初に財布のひもを緩ませるための商品を「フロントエンド商品」といいます。

【例】
・送料無料のお試しセットを用意する
・はじめてのお客さん用に、小分けにした商品セットをつくる

・研修やコンサルティングなどのサービスは、低額のDVDやセミナーを販売する

■ フロントエンド商品からバックエンド商品につなげる

　一言でいえば、明らかにリーズナブルで魅力的な商品ということです。ここでは利益がないのでしんどいところですが、購入後は、メールマガジンやダイレクトメールで、継続的に販促が可能です。また、信頼度が上がっているお客さんは、2回目以降はしっかり利益率の高い商品を購入してくれるでしょう。

COLUMN
ライバルに拘ることがなぜ重要か

　第4章では、かなりの紙数を競合の分析に割いてきました。

「ライバルばかりに目を向けていないで、自分たちだけにしか生み出せない付加価値に集中すべきだ」
「競合よりもお客さんを見るべきだ」

そういった言葉が聞こえてきそうです。そしてそれは、確かに正論です。
　もし、あなたが、他社の真似できそうもない、唯一無二の魅力的な商品・サービスを提供し続けることができているのであれば、競合を

意識する必要はないでしょう。しかし、現実のビジネスでは、ありとあらゆる分野で、ライバルとなるビジネスが存在しています。

　Webのビジネス、とりわけリスティング広告を利用した集客では、競合の存在による売上の影響がものすごく大きいのです。リアルの店舗であれば、「いくら安くても遠くのお店はいやだ」「品揃えが違う」など、地理上の制約や店舗のスペースなどにより、お客さんはすぐにはお気に入りのお店を乗り換えません。

　対してインターネットでは、検索結果のとなりにもっと安いお店やお客さん視点の良質な店舗が現れると、一瞬で顧客は移動していきます。

　リスティング広告では、高い広告費をかければお客さんの流れを奪えるため、広告予算を大量に投下してかつ魅力的なWebサイトが競合として現れると大変です。売上の鈍化ペースは尋常ではなく、3割低下くらいならかわいいもので、1ヶ月後には半分程度まで低下するなどといったこともあり得ます。

　「競合よりもお客さんの方を向いて」と言いたくなりますが、そもそも「ライバルだって真剣にお客さんのことを向いて勉強している」し、場合によってはあなたよりもその取り組みに真剣かもしれません。

　ライバルも顧客サービスを充実させるために、あなたのWebサイトをはじめとするさまざまなWebサイトを研究しているかもしれません。それもまた、お客さんの方を向いた行為なのです。

第 **5** 章

広告費を節約する
奥義

費用対効果を高めるために、方針を決める

> **大切なのは2つだけ。品質スコアを上げること。無駄な広告を削除すること**

　リスティング広告の無駄な広告の支出を減らして、効果を最大限まで高めるために行うべき設定項目は決して少なくありません。一方で、それらの設定を何のためにするのかというと、重要な原則は2つしかありません。

▶ 品質スコアを上げる

　1つは、品質スコアを上げることです。第2章でも説明しているように、同じキーワードで同じ順位に広告を出しているにもかかわらず、品質スコアが高いか低いかによって5倍以上の料金差がついてしまうことがあります。この点を意識して本章のノウハウを駆使するだけでも、より低額の広告費でWebサイトへの集客を実現することが可能です。

▶ 無駄な広告を削除する

　もう1つは、無駄な広告を削除することです。金額をかけている割には、今ひとつ成果に繋がっていない広告を限りなく少なくしていくことで、多くの広告費を節約することができます。具体的には、「成果に繋がっていないキーワード」「成果に繋がらない広告文」「売れない時間帯」「売れない地域」「売れないデバイス」など、それぞれにどのような無駄が発生しているかをチェックして直していきます。

■ 費用対効果を高める原則

・広告のクリック率
・キーワードと広告の関連性
・Webサイトの品質
…etc

・成果に繋がっていないキーワード
・成果に繋がらない広告文
・売れない時間帯
・売れない地域
…etc

ビッグキーワード中心、スモールキーワード中心どちらが正しい？

▶「ビッグキーワード」と「スモールキーワード」

アクセスが多く競争も激しいキーワードを「ビッグキーワード」、アクセスが少ない代わりに競争も少ないキーワードを「スモールキーワード」と呼びます。

■ ビッグキーワードとスモールキーワード

ビッグキーワード	スモールキーワード
ダイエット	ダイエットサプリ　人気
レーシック	レーシック　品川　料金
カラーコンタクト	カラコン　度あり　激安
家庭教師	家庭教師　名古屋　比較
税理士	税理士　飲食店　足立区
名刺作成	名刺　印刷　急ぎ
海外旅行	海外チケット　往復　成田
水道工事	水道工事　凍結

第5章　広告費を節約する奥義

リスティング広告では、手軽にさまざまなキーワードで広告を出すことができるため、たくさんのニッチな「スモールキーワード」で広告を出して、広範囲から売上を立てるという戦略が可能です。

では、競争が激しく入札価格も上がりがちな「ビッグキーワード」を避けて、「スモールキーワード」中心で運用すればよいかというと、必ずしもそうとは言い切れません。あなたの取り扱っている商品・サービスによっては、性質上広告を出せるキーワードのパターンが決まっていて、必然的に売上のほとんどが、競争の激しいキーワードに集中するということがあります。

もしくは、一見広範囲からの売上を見込める「スモールキーワード」と判別されるようなキーワードであっても、売上（コンバージョン）のほとんどがある特定の「スモールキーワード」に集中するケースもあります。たとえば、転職関連のサービスは、「業種名＋転職」という組み合わせに多く偏る傾向があります。このような場合は、「ビッグキーワード」「スモールキーワード」という括りに拘らず、「激戦キーワード」「非激戦キーワード」に分けてみましょう。

まずは第2章を参考に速攻で広告を出すことで、あなたのWebサイトが広範囲の比較的競争の少ないスモールキーワードで売上が立てられるタイプか、特定のキーワードに売上が集中するタイプか傾向を見切る必要があります。どちらのタイプかがわかったら、タイプ別に運用方針を変えます。たくさんの「スモールキーワード」から売上が見込める場合は、まずキーワードの当たりはずれの選別を丁寧にやって、無駄な広告を削除する必要があります。逆に、特定の「ビッグキーワード」に売上が集中する場合は、キーワードが限られているので、そのキーワードで品質スコアを可能な限り上げることができるように、さまざまな広告をテストしたり、広告先のWebサイトを洗練させたりすることに力を入れましょう。

5-2 効果絶大！品質スコアの上げ方

➡ ライバル企業と品質スコアの関係

　第2章の「品質スコアと広告費の仕組み」で解説したとおり、品質スコアには、「広告のクリック率」「キーワードと広告の関連性」「広告やキーワードとWebサイトの関連性」「広告先のWebサイトの品質」の4つの要素が重要です。その中で注意しなくてはいけないのが、

「品質スコアの評価は、こちらが努力をすればするほど評価が上がるような絶対評価になっているわけではない」

という点です。
　リスティング広告の品質スコアは、基本的にライバルとの相対評価や、入札しているキーワードの過去のアカウントの履歴など複数の要素によって決定されます。つまり、入札しているキーワードに関して、いくら自分のアカウントのクリック率が高くなるように努力したり、広告やキーワードの関連性が高いように工夫したりしてもうまくいかないことがあるのです。
　原因は、競合のサイトにクリック率がもっと高いものが存在するなど、全体として広告品質のレベルが高いことによります。それも、現在の競争の状態ではなく、過去のさまざまなWebサイトが運用してきた履歴などから算出されます。したがって、競争が少ないキーワードは品質スコアが上がりやすい傾向があり、逆に競争が激しいキーワードでは、苦戦するケースが多くなります。
　また、キーワードの入札額を上げることで、あなたの広告の検索結果での順位が高くなれば目立つ位置に広告が表示されることから、当然広告のクリック率は高くなりますが、この数値も補正されます。そうしないと入

札額を増やしてお金の力で1位に表示させた広告のクリック率は、10位前後に表示される広告よりクリック率が高くなるため、無条件で品質スコアに有利になってしまうからです。

とはいえ、一定数の表示やクリックがないと、正確な評価がなされないことも多いため、はじめはある程度クリック数を期待できる順位をキープすることをおすすめします。PCでのサイトであれば、最低でも平均掲載順位が10位以内に入る程度の入札価格で広告を出すようにすることが目安です。スマートフォンであれば、平均掲載順位が3位以下になると著しくクリック率が落ちるので、極力2位以内、最低でも平均4位以内に掲載される程度まで入札価格を上げるのが望ましいです。

➡ 広告文の数を増やしてキーワードのテストを行う

先述のように、品質スコアを上げるためには、広告のクリック率を高めることが大きな効果を発揮します。つまり、クリックされやすい魅力的な広告文ができるまで何度もトライする必要があります。とはいえ、期間ごとに広告を入れ替えたり、1つ1つのクリック率を調べて比較して……と、この作業を人力で行っていたら大変です。もし、これを自動で実行してくれたらこんなに嬉しいことはありませんよね。

ところがなんと、リスティング広告には自動で評価の高い広告を抽出する機能があるのです。広告グループに対して複数パターンの広告文を設定することで、それらの広告をランダムで同時配信して、自動的にその中からクリック率の高い広告が優先的に選択されるようになっています。

これにより、広告文をどんどん広告グループに追加していけば、自然にクリック率の高い広告が選ばれ、たくさん表示されるようになり、品質スコアの改善に貢献しやすくなる仕組みになっています。積極的に広告文のテストを行っていきましょう。

■ 広告のクリック率を自動評価

　広告のパターンは、第3章の「クリックされる広告文おすすめ4パターン」を参考にしてください。複数の広告の自動配信は、キャンペーン設定から、「広告のローテーション」（Google AdWords）、「広告表示の最適化」（Yahoo!プロモーション広告）で設定できます。
　広告配信のパターンは複数用意されています。

・**最適化して配信**
　クリック率の高い広告を優先的に配信するようにシステムが調整します。配信後、かなり早い段階で判断してしまうため、十分なデータがなく、季節性など偶発的な要因などでも結果が出てしまうこともあります。最短で最適化したい場合は、この設定を選びましょう。

・**均等に配信**
　90日間、すべての広告を均等に配信してから、どの広告を優先するかをシステムが判断します。期間ごとの顧客行動の短期的な変動の多い事業で、3ヶ月という十分な時間をテストしてから判断したいアカウントにおすすめです。

・**無期限で均等に配信**

永続的に、自動で広告を均等配信します。すべて自分で判断したいという人のための設定です。

・**コンバージョン率の高い広告を優先的に配信**

Google AdWordsのみの機能になりますが、複数の広告を配信したときに、最もコンバージョン（売上や問い合わせなど）に結びついた広告を優先的に配信する配信パターンがあります。

先に紹介した、クリック率の高い広告を優先的に配信するパターンは、確かに品質スコアによい影響を与えることから魅力的ですが、品質スコアを高めるのは、あくまで「コンバージョン」の数を多く取れるようにするのが目的です。それであれば、「コンバージョン」を優先するこちらの広告の方が目的に直結します。

また、この広告パターンは、コンバージョンのデータがまだ十分に取れていない場合は、「クリック率」を優先して、広告を配信してくれます。つまり、最初はクリック率の高い広告を分類して、コンバージョンが増えてきたら、その中からコンバージョンに結びつきやすいものを優先していくという2段構えになっています。

■ バランスを見て広告を配信

結局のところ、この機能は、「クリック率」と「コンバージョン率」の両方をバランスよく見ているため、こちらの設定を選んだからといって、品質スコアが極端に悪くなるということが起こらないように論理的に作られています。

■ 広告のローテーション

➡ キーワードや広告ごとにリンク先Webページを変える

　品質スコアには、「キーワードと広告の関連性」「広告やキーワードと
Webサイトの関連性」も影響します。クリック率ほど高い影響ではありま
せんが、こちらも重要な要素です。品質スコアが伸び悩んだら、

　「キーワード」→「広告」→「リンク先のページ」

が一貫して関連度が高いものかどうかをチェックしてみましょう。関連性
については、「キーワード」が含まれているかどうかを確認します。
　たとえば、「法人　会社設立」というキーワードであれば、広告文にも、
リンク先のWebページにも「法人　会社設立」というキーワードを含ませ
ます。リンク先のWebページには、具体的にはタイトルタグやh1タグ、サ
イト内の文章の上の方などを意識してキーワードを入れてください。
　「法人　会社設立」で広告を出しているのに、よく見てみるとサイトの
タイトルタグが「新宿の税理士　○○」と違うものになっているケースを
よく見かけます。1つ1つ広告に合わせてWebページを修正する、用意する
のは大変な手間ですが、その分競合のサイトも手間をかけていないことが
多く、こういった細かい点に対応することで差がつきます。

■ キーワード・広告・Webサイトがリンクしているか？

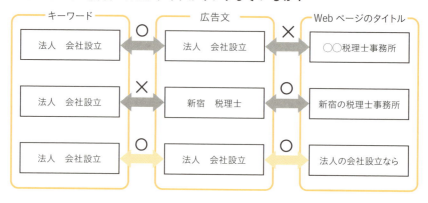

➡ リンク先Webページを直して、品質スコアを改善する

　Webページと広告との関連性以外にも、リンク先のWebページの品質や利便性も品質スコアに影響を与えます。では、Webサイトの利便性とは何でしょうか。以下の関係性の高い項目を、チェックしてみましょう。

▶ 十分な情報量とページ数

　1ページだけで構成されたWebページや、ページあたりの情報量が極めて少ないページは評価が低くなる傾向があります。

▶ 信頼性

　電話番号や住所など連絡先がすぐに見つけられるようになっているほか、プライバシーポリシーなども整理されているサイトである必要があります。

▶ Webサイトの使いやすさ

　最も重要なのは、Webページの表示速度です。頻繁に障害を起こす、Webサイトの表示に数秒もかかるような質の悪いサーバーを使っている、

重い画像を大量に掲載する、極端に1ページが長いWebページ（たとえば、画面をスクロールしてさらりと閲覧するだけでも20分以上かかるなど）、さまざまなポップアップや読み込みがあるなど、訪問者に不便をかけるWebサイトはページの品質が低いと評価されます。筆者の経験では、この項目が最も影響が大きい印象を持ちます。

　リンク先のWebページについては、「作り込めば質が上がる」というよりは、質の低いページは大きく減点される、ペナルティを受けるといった、減点法的なイメージで考えるのが適当です。くれぐれもマイナスポイントがないかチェックをしましょう。

■ Webページの品質スコア対策チェックリスト

☐	サイト全体のページ数が極端に少なくないか（5ページ以下など）
☐	ランディングページの文字数が極端に少なくないか（200文字以下など）
☐	画像を大量に掲載している上に、スクロールして閲覧するのに時間がかかる（20分以上など）サイトになっていないか
☐	Webサイト内に会社概要や、問い合わせページは存在しているか
☐	Webサイト内のわかりやすいところに運営社名は記載されているか
☐	Webサイト内のわかりやすいところにメールアドレスは記載されているか
☐	Webサイト内のわかりやすいところに連絡先・電話番号は記載されているか
☐	Webサイト内のわかりやすいところに住所は記載されているか
☐	Webサイト内のわかりやすいところにプライバシーポリシーは存在するか
☐	JavaScriptを多用して、サイトの表示が重くなっていないか
☐	頻繁にサーバーの障害が起きていないか
☐	共有サーバーを利用していて、ほかの利用者のせいで極端に表示が重くなることが頻繁に起きていないか

➡ アカウント全体の品質スコアは要注意

　品質スコアには、「キーワード単位での品質スコア」以外に、「アカウン

ト全体の品質スコア」というものが存在します。この品質が低くなると、さまざまなキーワードで品質スコアが上がりにくくなります。極端なケースになると、品質が10点満点中1～3だらけということも起こり得ますが、アカウント全体の品質スコアが高くなると、個別のキーワードの品質にも好影響になります。

たとえば、新しく追加したキーワードなどはまだクリック率が計測されていませんが、アカウントの品質が高ければ最初から高めの品質がつくなど、有利なケースが生まれます。

アカウント全体の品質スコアはどのように算出されるかは、悪い品質スコアのキーワードをたくさん設定していれば悪く、よいキーワードを設定すればよくなると考えましょう。つまり、悪い広告ばかり垂れ流しているとアカウントの評価を下げるということです。代表的なのは、以下の2例です。

▶ キーワードを大量に設定しているアカウント

手当たり次第に大量のキーワードを設定していると、アカウントの品質スコアが下がります。こういうケースでは、関連性の低いキーワードが含まれる率が高いためです。

対策としては、1～4などの品質スコアの低いキーワードを一時停止か削除を行い、平均値を上げることなどが考えられます。また、「自社名」や「自社でしか取り扱っていない個別の商品・サービス名」などは、格安の入札額で、しかも高確率で10の品質スコアを取ることができます。こういったキーワードは、一般の検索結果でも1位表示されていることがほとんどです。わざわざ広告費を払ってその上に広告での上位表示をする必要がないと思うかもしれませんが、これでアカウント全体の品質に貢献できるのであれば、ほかの競争が激しいキーワードでの品質スコアに貢献する可能性があるため、費用対効果の面で元がとれてしまうこともあります。

また、しばしば、自社の名前や商品・サービス名で競合が広告を出しているケースもあり、そういったケースで検索ユーザーを横取りされるのを

防ぐために広告を出すという考えもあります。

▶ 部分一致で、意図しないキーワードの広告がたくさん表示されている

　部分一致を利用していると、設定したキーワードだけでなくYahoo!プロモーション広告やGoogle AdWordsが設定したキーワードに対して関連性が高いと判断した検索クエリー※でも広告が表示されます。この際、気がつかない間に広告文と関連性の低いキーワードで大量に広告が表示されていて、クリック率が下がり広告の品質が低下しているという現象が発生していることがあります。そういった事態を収めるために、不要な検索クエリーの除外はこまめに行いましょう。

　また、関連性の低い検索クエリーでの広告がたくさん表示される広告グループは、部分一致をやめて絞り込み部分一致に切り替えるなどの対応を行うようにしましょう。

※検索クエリーは、ユーザーが検索エンジンに入力して検索してきた単語です。広告の出稿者が設定するキーワードとは異なる場合があります。

COLUMN

1ページ目掲載に必要な入札価格、First Page Bidに注意

広告出稿後、キーワードのレポートを見ていて下記のような表示があったら要注意です。

■ キーワードレポート

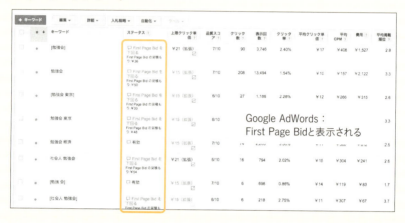

Google AdWords：
First Page Bidと表示される

Yahoo!プロモーション広告：
入札価格の左側に下向きの矢印が表示される

Googleでは「First Page Bid」、Yahoo!プロモーション広告では、「1ページ目掲載に必要な入札価格」という表示（以下First Page Bidに統一）で、最低限このキーワードより高い入札価格を支払わないと、検索結果の1ページ目に広告が表示されないという基準が定められています。

検索エンジン利用者がクリックするのは、ほとんどが1ページ目の検索結果なので、2ページ目以降にしか広告が表示されなくなると、クリック数が極端に減ってしまいます。コンバージョンに繋がりやす

い重要なキーワードで、この表示が発生していないか注意してください。また、この金額は、キーワードの品質スコアや、アカウント全体の品質スコアによって上下します。つまり、キーワードやアカウントの品質スコアを上げることでFirst Page Bidの金額が小さくなり、1ページ目に広告が表示されやすくなります。逆に、品質スコアが8〜10のような高い数値にも関わらず、First Page Bidに引っかかってしまうようであれば、あなたの入札価格が相場よりも安すぎるということになります。

　注意が必要なのは、この数値はPC用の広告キーワードの数値であるということです。現時点では、スマートフォンの場合はこの数値が必ずしも適用されているわけではないので、スマートフォンでの広告に関しては参考程度に考えておきましょう。

5-3 無駄な広告費を、確実に見つけて消し去る方法

リスティング広告では「除外キーワード」(Yahoo!プロモーション広告では「対象外キーワード」)といって、「Aというキーワードが含まれる検索結果には広告を出さない」といった設定が可能です。

キーワードマッチで、「部分一致」「絞り込み部分一致」「フレーズ一致」を選択すると、たくさんのキーワードで広告が表示されます。特に「部分一致」では、意図しないキーワードで広告が出ることがよくあります。その際に、明らかに売上に繋がらないキーワードを「除外」設定することで広告費の無駄を省きます。

➡ キーワード除外の設定方法

Google AdWordsの場合、「キャンペーン」「グループ」編集時の「キーワード」タブを選択し、最下部の「除外キーワード」から設定します。

■ 除外キーワード

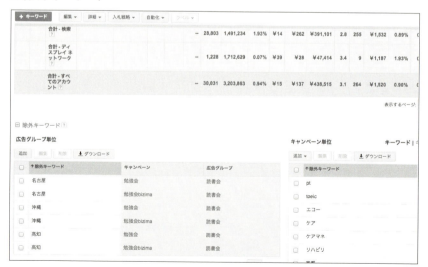

Yahoo!プロモーション広告の場合、「ツール」→「対象外キーワードツール」から設定が可能です。

■ 対象外キーワード

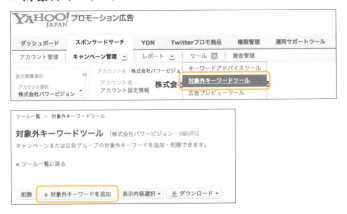

除外キーワードの見つけ方①
想像の範囲内で、事前に登録しておく

　明らかに事前に除外しておいた方がよいキーワードというのは、ある程度予想がつきます。たとえば国内の航空券しか扱っていないビジネスの場合は、「海外」というキーワードや、「韓国」「中国」など海外の国名、地名などを事前に除外しておくことで、「海外　航空券」「JAL　韓国　予約」などのキーワードで広告が出ることを事前に防ぐことができます。

■ 明らかに無駄なキーワードが含まれているものを除外

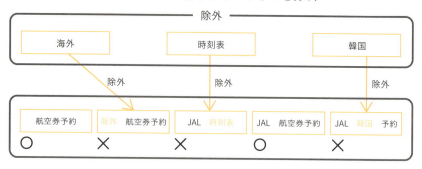

　除外キーワードについては、業種サービスによってケースバイケースというのが正直なところですが、特に除外キーワードの候補としてよくあるパターンを挙げてみます。

・無料系キーワード
　無料のサービスを探しているケースで、多くの商品・サービスにおいて、外しておきたいキーワードです。ただし、無料でサービスを使ってもらってから、有料プランに誘うサービスの場合は、逆に効果が高い場合があります。

・激安系キーワード
　価格で勝負していないサービスの場合、これらのキーワードからほとんどコンバージョンしない場合があります。逆に価格勝負のケースでは、積極的に広告を出した方がよいキーワードです。

・地域系キーワード
　明らかに、あなたのサービスで取り扱っていない地域は外しましょう。また、特定の地域の組み合わせワードだけが相性が悪くコンバージョンに結びつかないこともあります。

・**調査系キーワード**

調べているだけで購入する気がないユーザーばかりのケースがあります。

・**求職系キーワード**

商品やサービスの購入ではなく、求職情報を探しているケースです。

■ **除外キーワード例一覧表**

無料系キーワード	無料、フリー、フリーソフト、アプリ、テンプレート、サンプル
激安系キーワード	格安、激安、値段、料金
地域系キーワード	国名、都道府県名、市区町村、駅名
調査系キーワード	Wiki、2ch（2ちゃんねる）、ブログ、口コミ、評判、評価、レビュー、問題
求職系キーワード	転職、バイト、仕事、就職、求人

除外キーワードの見つけ方②
検索されたキーワードの内訳を見る

広告を運用しながら除外キーワードを探し出すことで、どんどん無駄な広告を減らしていくことが可能です。その際に便利なのが「検索語句」のレポートです。普段のキーワードのレポートでは、「部分一致」などで検索されたキーワードの内訳を見ることができません。どんなキーワードで検索されたかという検索クエリを以下の手順で見ることができます。

▶ Google AdWordsの場合

「キャンペーン」や「広告グループ」のキーワードリストを表示する際に、「詳細」→「検索語句」→「すべて」もしくは「選択」をクリックします。

■ 検索語句の表示

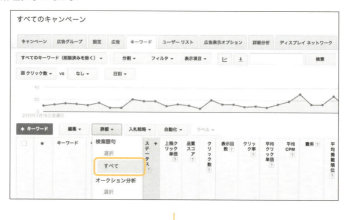

↓

▶ Yahoo!プロモーション広告の場合

「キャンペーン」や「広告グループ」のキーワードリストを表示する際に、「検索クエリー」を表示→「すべてのキーワード」もしくは、「選択したキーワード」をクリックします。

■ 検索クエリーの表示

　検索クエリーでは、直近数日のデータは取得できません。必ず1週間以上は期間を空けてからレポートを見るようにしましょう。また、重要なのは判断期間です。過去1ヶ月のデータでは、目立った無駄な広告費を使っているように見えないキーワードも、3ヶ月、半年の期間で見ると、大きな無駄が発生している場合があります。1週間、1ヶ月などの短期での

チェックのほか、3ヶ月、半年、1年など長期でのチェック期間も必ず混ぜ込みながら、無駄なキーワードを発見するようにしてください。

▶ 除外キーワードの設定は、広告グループ、キャンペーンのどちらで行う？

　除外キーワードは、グループの設定、キャンペーンの設定両方で可能になっています。広告グループ単位で設定すると、除外設定したキーワードがほかの広告グループの広告で出現する場合があります。逆に、キャンペーン単位で設定してしまうと、ほかの広告グループに一切表示されなくなります。どちらが適切か十分に考えて設定する必要があります。

　たとえば、あなたの会社がワープロソフト、表計算ソフト、動画編集ソフト、会計ソフトのような有償のパッケージソフトを販売しているとしましょう。このようなケースで「無料　会計ソフト」「フリー　会計ソフト」のようなキーワードでやってくる訪問者は、ほとんどの場合、お客さんにはならないでしょう。この場合、すべての商品に対して、「無料」「フリー」がついたキーワードは除外設定をしてしまう、つまりキャンペーン単位で、一括で除外キーワードの設定を行うのが適当です。

■ キャンペーン単位で除外

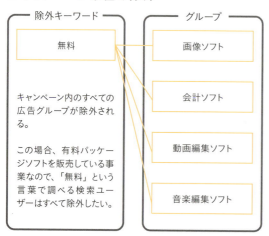

では、グループ単位で、除外設定を行うケースはどうでしょうか。あなたが旅行サイトを運営しているケースを考えてみましょう。キャンペーンで「九州ツアー」を販売する広告と、「九州の旅館」や「九州のホテル」を販売する広告をグループに分けて出すとしましょう。それぞれ、広告先のページは「ツアー」「旅館」「ホテル」で別々です。

　さて、これらの広告を部分一致のキーワードマッチで入札すると、「ツアー」や「ホテル」は類似するジャンルのため、「九州ツアー」の広告グループの広告が、「九州ホテル」で検索されたときに表示されてしまったり、逆に「九州ツアー」の広告グループの広告が「九州ホテル」で検索されたときに表示されたりする可能性があります。

　このようなケースでは、「九州ホテル」の広告グループに対して「ツアー」という言葉を含む検索キーワードでは広告が出ないように除外キーワード設定を行います。同様に、「九州ツアー」の広告グループに対しては、「ホテル」のキーワードでは広告が出ないように除外キーワード設定を行います。

■ **広告グループ単位で除外**

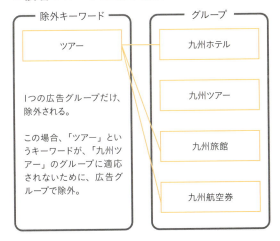

5-4 広告の配信に制限をかける

➡ 広告の出稿地域を絞る

　リスティング広告では、地域を絞って広告を配信することが可能です。また、地域ごとに入札価格の上下の設定まで可能になっています。

　配信先の地域も、都道府県レベルだけでなく、市区町村レベルでの設定が可能になっており、配信の比率を細かくコントロールできます。同じ東京23区内でも、区ごとに数倍の水準でコンバージョン率が異なるといった傾向が見られることもあり、設定次第では大きくパフォーマンスが変わります。

▶ レポートから地域ごとのパフォーマンスを確認する

　Google AdWordsでは、「詳細分析」タブ→「地域」を選択、Yahoo!プロモーション広告では、「レポート」→「パフォーマンスレポート」から、「地域別」レポートを作成、及び閲覧することができます。このデータから、どの地域が特に広告費を使っているか、また、コンバージョンを獲得するのに安い地域、高い地域を確認することができます。

■ Google AdWordsの「地域」レポート

地域	入札単価調整比	クリック数	表示回数	クリック率	平均クリック単価	費用	平均掲載順位	コンバージョンに至ったクリック	費用/コンバージョンに至ったクリック	コンバージョンに至ったクリック/クリック数	ビュースルーコンバージョン
合計		9,891	494,278	2.00%	¥8	¥81,861	2.2	114	¥514	2.02%	0
日本	-10%	8,744	444,513	1.97%	¥8	¥67,321	2.2	84	¥529	1.85%	0
神奈川県, 日本	+20%	474	19,999	2.37%	¥12	¥5,667	2.2	10	¥522	2.37%	0
渋谷区, 東京都, 日本	--	165	6,490	2.54%	¥13	¥2,206	2.7	7	¥324	4.12%	0
東京都, 日本	--	152	6,167	2.46%	¥13	¥1,968	2.6	1	¥1,968	0.66%	0
港区, 東京都, 日本	--	38	2,265	1.68%	¥14	¥547	3.0	2	¥274	5.26%	0
新宿区, 東京都, 日本	--	36	1,735	2.07%	¥15	¥525	3.2	0	¥0	0.00%	0
千葉県, 日本	--	38	1,537	2.47%	¥13	¥494	2.7	0	¥0	0.00%	0

　レポートの中で特に注目するポイントは、地域ごとの「費用/コンバージョンに至ったクリック（Google AdWords時）」「コスト/ユニークコンバージョン数（Yahoo!プロモーション広告時）」です。この項目は1回のコンバージョンを獲得するためにかかった金額を表します。

　アカウントによっては、都心部や地方など特定の地域の「費用/コンバージョンに至ったクリック」が、ほかの地域よりも極端に安くお得な場合や、逆に非常に割高なケースがあります。場合によっては地域間で2倍以上割安、割高なこともあるので、要チェックです。

　これらのデータを参考に、効果の高い地域の入札価格を上げる、効果の低い地域を除外、もしくは入札価格の比率を下げるといった設定をすることで、確実に広告の効果を改善することができます。たとえば、全くコンバージョンに貢献しない市区町村や都道府県を発見した場合は除外したほうがよいでしょう。パフォーマンスが若干悪い地域は、入札価格を30％下げるといった調整を、逆に、パフォーマンスがよい地域は、入札価格を50％上げるなど、比率を変更していきましょう。

　地域の設定は、Google AdWordsでは「キャンペーン」を選択→「設定」タブ→「地域」から、Yahoo!プロモーション広告では「キャンペーン設定情報」→「ターゲティング設定」→「地域」から可能です。

■ 地域の設定

Google AdWords

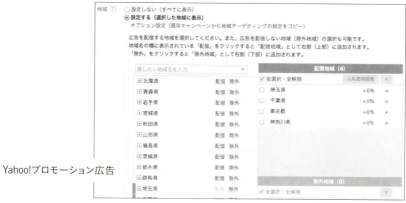

Yahoo!プロモーション広告

地域の設定では、以下のユーザーに対してターゲティングを行えます。

・ターゲット地域にいるユーザー
・ターゲット地域に関する情報を検索、閲覧しているユーザー
・ターゲット地域にいるユーザーと、ターゲット地域に関する情報を検索、閲覧しているユーザー（推奨）

▶ **出稿地域の情報は100％正確ではないことに注意**

地域の情報は、IP、基地局、GPS、Wi-Fi、検索履歴などさまざまなデータから抽出されますが、100％正しいものではないことに注意が必要です。

間違った地域に配信されている可能性もありますし、その地域全員に配信されるわけではないと考えましょう。

たとえば「渋谷区」をターゲットに広告を出したい場合、「渋谷区」からWebサイトを見ているのに、Googleが認識できないため「不明」となって、あなたの広告が表示されなくなることがあります。こういった場合には、一部存在する「不明」の人はあきらめて広告を出す、と割り切るしかありません。

費用対効果を極力重視したいのであれば地域設定は丁寧に設定するべきですが、広告配信の機会損失をなくしたいのであれば、配信地域は限定せず、すべての地域に配信します。

特に重要なのが、スマートフォンユーザーの地域の特定です。スマートフォンユーザーはPCユーザーに比べ、地域の特定精度が低く、特にGPSをOFFにしていると、高確率で「不明」ユーザーとなります。そのため、スマートフォンは「不明」の比率が多く、地域を限定することで、広告の配信機会が減少してしまいます。

➡ 広告の出稿時間や曜日を絞る

リスティング広告では、広告を出す時間や曜日、また広告費の比率を変更することができます。取り扱う商品・サービスによっては売れ行きが曜日や時間帯で大きく異なるケースがあります。

▶ レポートから時間や曜日ごとのパフォーマンスを確認する

Google AdWordsでは、「詳細分析」タブ→「期間」から曜日や時間のパフォーマンスを確認することができます。Yahoo!プロモーション広告では、「レポート」→「パフォーマンスレポート」から、「曜日・時間帯ターゲティングレポート」を作成することで確認可能です。

■Google AdWordsでの「期間」レポート

曜日	クリック数	表示回数	クリック率	平均クリック単価	費用	平均掲載順位	コンバージョンに至ったクリック	費用/コンバージョンに至ったクリック	コンバージョンに至ったクリック/クリック数	ビュースルーコンバージョン	推定合計コンバージョン
日曜日	2,150	93,373	2.30%	¥10	¥21,617	2.2	55	¥393	2.56%	0	62
土曜日	1,468	69,117	2.12%	¥8	¥11,244	2.2	32	¥351	2.18%	0	41
水曜日	1,569	82,026	1.91%	¥10	¥15,248	2.3	23	¥663	1.47%	0	27
火曜日	1,459	74,455	1.96%	¥8	¥11,340	2.3	23	¥515	1.51%	0	24
木曜日	1,287	69,272	1.86%	¥8	¥10,383	2.3	21	¥494	1.63%	0	31
金曜日	1,204	63,493	1.90%	¥8	¥9,684	2.3	21	¥461	1.74%	0	25
月曜日	1,530	77,758	1.97%	¥8	¥12,387	2.3	20	¥619	1.31%	0	24

　レポートの中で特に注目するポイントは、曜日や時間ごとの「費用/コンバージョンに至ったクリック（Google AdWords時）」「コスト/ユニークコンバージョン数（Yahoo!プロモーション広告時）」です。ほかの時間帯や曜日よりも極端にコンバージョンを割安で獲得できている場合や、逆に割高な場合などは、調整を行うことでパフォーマンスが上がります。

　時間・曜日の設定は、Google AdWordsでは、「キャンペーン」を選択→「設定」タブ→「広告のスケジュール」から、Yahoo!プロモーション広告では、「キャンペーン設定情報」→「ターゲティング設定」→「曜日・時間帯」から可能です。

■ Google AdWordsでの時間・曜日設定

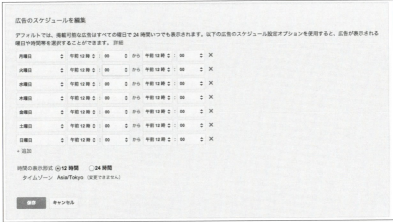

■ Yahoo!プロモーション広告での時間・曜日設定

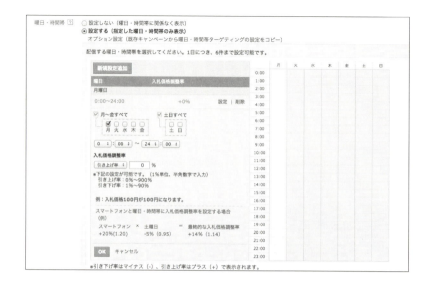

▶ どんな場合に曜日と時間の設定が重要になるのか

　時間や曜日によるコンバージョン率への影響は、地域ターゲティングほど明確に傾向が見えにくい傾向があります。

　最も多いパターンは、土日と平日で大きく購入行動に動きがある商品・サービスです。平日、休日のデータの違いは最初に注目すべきポイントです。また平日の勤務時間、とりわけお昼休みの時間などに購入が集中するものや、深夜には購入率が大きく下がる商品・サービスなども存在します。

　そのほかポイントとしては、社内コールセンターが運営していない時間帯・曜日は対応できず売上が落ちるため、その時間帯の広告をストップしておくといった利用法などがあります。

➡ PCだけに広告を配信する

　WebサイトがPCの表示しか対応していない場合は、PCだけに広告が配信されるようにしましょう。

デバイスの設定は、Google AdWordsでは、「キャンペーン」を選択→「設定」タブ→「デバイス」から、Yahoo!プロモーション広告では、「キャンペーン設定情報」→「設定内容を編集」→「ターゲティング設定」→「デバイス」から可能です。

■ デバイスの設定

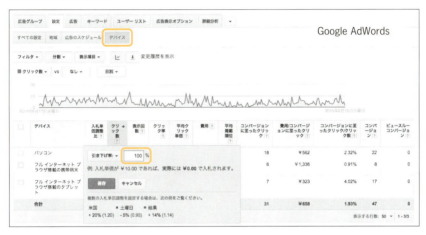

　スマートフォンの「引き下げ率」を「100％」にすることで、スマートフォンへの配信がストップし、PCだけへの配信が実現できます。

また、広告がどのデバイスに配信されているかは、Google AdWordsではレポートの画面から、「分割」→「デバイス」を選択することで確認できます。Yahoo!プロモーション広告では「表示」→「デバイス」で確認できます。

■Google AdWordsでのデバイス設定

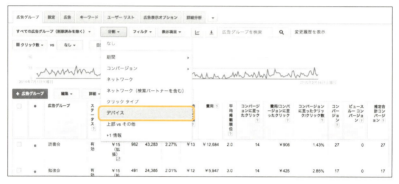

■ Yahoo!プロモーション広告でのデバイス設定

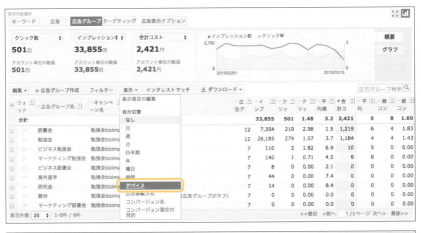

　スマートフォンの方が費用対効果がよい、悪いなど、目立った違いがあれば、上記の設定からスマートフォンの広告費の比率を変えて効果をさらに改善しましょう。なお、iPadのようなタブレット端末への配信はこのような設定ができません。PCに広告を配信すると必ず同じ入札価格でタブレット端末にも広告が出ます。

➡ スマートフォンだけに広告を配信する

「お客さんのほとんどがスマートフォン利用者なので、スマートフォンだけに広告を出したい」「スマートフォン用のWebサイトしか持っていない」という場合があります。残念ながら、現在のリスティング広告ではスマートフォンだけに広告を出すという機能は存在しません。しかし、可能な限りスマートフォンに集中して広告を出して、PCの広告費を減らす方法があります。

スマートフォンの広告の引き上げ率は、300％まで可能です。これは、スマートフォン向けの広告をPCの入札価格の4倍で出すということです。逆に言えば、PCの入札価格がスマートフォンの4分の1になるということです。

スマートフォンの引き上げ率を300％にして広告を出すことで、PCへの広告配信を最小限にすることができます。もちろん、その分設定する入札価格も低めに設定する必要があります。また、入札価格を1円設定するごとにその4倍、つまり4円動くことになるので、4円単位でしか入札価格が変更できないという点にも注意が必要です。とはいえ、本来広告を使いたくないPCへの出稿金額が少しでも減らせるのであれば恩恵は大きいといえるでしょう。

■ 引き上げ率を最大にしてPCの広告費を下げる

PCの広告額が最小限に！！

➡ PCとスマートフォンのキャンペーンを分ける

　Google AdWordsやYahoo!プロモーション広告では、1つのキャンペーンでPCやスマートフォン、タブレットの複数デバイスを管理することを推奨しています。しかし、サービスによってはPCとスマートフォンで入札するキーワードや除外すべきキーワードなどが大きく異なる場合があります。また、社内の都合などでPCとスマートフォンごとに予算をコントロールしたい場合もあるでしょう。そのような場合は、キャンペーンごとにある程度デバイスを振り分けることができます。

　基本的には、「PCだけに広告を配信する」の手順どおりに、スマートフォンの引き下げ率を100％にしたPCのみのキャンペーンAと、「スマートフォンだけに広告を配信する」を参照して引き上げ率を300％にしたスマートフォン向けキャンペーンBを作成します。

　そうすると、スマートフォン引き上げ率300％になっているキャンペーンBは、PCの広告額が4分の1で入札されるため、似たようなキーワードは入札価格の高いキャンペーンBの方で集中的に広告が表示されることになります。また、スマートフォン向けの広告は、キャンペーンAでは表示されない設定になるため、キャンペーンBに表示されるというわけです。

　キーワードの設定の有無や品質スコアなどの都合で、残念ながらスマートフォン用のキャンペーンBにも若干PCの広告が表示されてしまいますが、広告額がかなりキレイに分かれることでしょう。

■ キャンペーンごとにデバイスを分ける

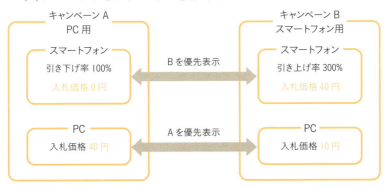

5-5 コンバージョンのデータから広告を選別する

➡ コンバージョン最適化機能を使う

　リスティング広告には、コンバージョン最適化という機能があります。これは過去のアカウントのデータから、予算内でコンバージョンの数が最大になるように自動で調整を行う機能です。広告グループ単位での調整が可能で、たとえば1件のコンバージョンを取るための広告費用（CPA）を1,500円にしてほしいと設定すれば、1コンバージョン1,500円の予算で最大限コンバージョンが増えるようにシステムが自動で調整してくれます。コンバージョン率の高い時間帯や、曜日、地域なども考慮して調整してくれます。自分で定期的に細かくアカウントを管理していない運用者であれば、この機能を利用したほうが、費用対効果が上がる可能性が高いといえるでしょう。

　ただし、コンバージョン最適化機能を利用するには、いくつか条件があります。まず月間15以上のコンバージョン数が発生していないキャンペーンでは使えません。また、コンバージョン数が少ないアカウントは精度が落ちます。逆に、1日あたりのコンバージョン数が多ければ多いほど、効果が出るでしょう。

　コンバージョン最適化を開始後、しばらくはシステム内による調整を行っているので、一時的に、パフォーマンスが著しく悪くなることもあります。そのため1ヶ月〜2ヶ月は様子を見る必要があります。

▶ Google AdWordsでの設定方法（コンバージョンオプティマイザー）

　コンバージョンオプティマイザーは、「キャンペーン」→「設定」タブ→「入札戦略」から設定することが可能です。

■ コンバージョンオプティマイザーの設定

「コンバージョン重視」を選択し、「詳細オプション」で「個別の目標コンバージョン単価を使用」をクリックして目標数値を入力します。

■ 目標コンバージョン単価を設定

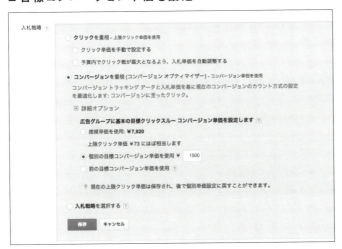

　コンバージョンオプティマイザーが適用されると、以後広告グループの「デフォルトの上限CPA」の設定箇所が「目標CPA（クリックスルーコンバージョン）」に変わります。広告グループごとに目標値を変更したい場合はこちらから変更していきましょう。

■コンバージョンオプティマイザー適用後

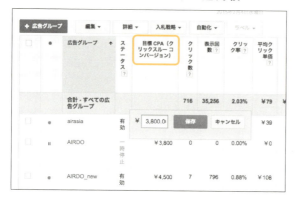

▶ Yahoo!プロモーション広告での設定方法(自動入札設定)

「ツール」→「自動入札」で自動入札の設定画面を表示後、「自動入札の作成」→「コンバージョン単価の目標値」を選択します。

■自動入札設定の作成

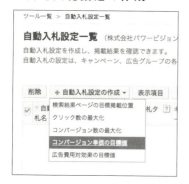

ここで、1件のコンバージョンをいくらの予算で取りたいかの目標値を決めます。

■ 目標値の設定

自動入札設定作成（コンバージョン単価の目標値）

「コンバージョン単価の目標値」では、目標とする平均コンバージョン単価（CPA）を維持しながら、できるだけ多くのコンバージョン
自動的に調整されます。

詳しい内容についてはこちらをご覧ください。

基本情報

自動入札名*　CPA1000円

コンバージョン単価の目標
値*［?］　1000　円

その他の設定

入札価格の上限［?］　◉ **入札価格の上限を設定しない（推奨）**
　　　　　　　　○ 入札価格の上限を設定する

入札価格の下限［?］　◉ **入札価格の下限を設定しない（推奨）**
　　　　　　　　○ 入札価格の下限を設定する

注意：「コンバージョン単価の目標値」では、自動入札の設定が完了した後に、設定が失敗する場合があります。詳しくはこちらをご

作成　　キャンセル

　作成した自動入札設定を、適用したい広告キャンペーンやグループに反映させます。キャンペーン全体に適用する場合は、「変更したいキャンペーン」→「キャンペーン設定情報」→「キャンペーン編集」の「予算と掲載条件」にある「入札方法」で「自動入札を設定する」にチェックを入れ、先ほど作成した「自動入札設定」を選択し「編集内容を保存」を選択することで設定が完了します。

■ 自動入札設定の適用

自動入札ツール［?］　○ 設定しない
　　　　　　　　◉ **設定する**

広告グループに適用する自動入札設定を選択します。［?］

▽ 自動入札名	▽ 自動入札タイプ
□ **CPA1000円**	コンバージョン単価の目標値

選択した対象： **CPA1000円**

第5章 広告費を節約する奥義

151

特定の広告グループに適用する場合は、「変更したい広告グループ」→「広告グループ設定情報」→「設定内容を編集」→「自動入札を設定する」にチェックを入れ、先ほど作成した「自動入札設定」を選択し「編集内容を保存」を選択することで設定が完了します。

広告キャンペーンと、それに紐づく広告グループ両方に「自動入札設定」を設定した場合は、広告グループの「自動入札設定」が優先されます。

Webページ内にゴールがない場合に コンバージョンを取る方法

コンバージョンは、問い合わせの完了や商品の購入、資料のダウンロードなど、成果が明確に発生したタイミングで取得するのが一般的です。しかし、リスティング広告を利用しても効果が計測しにくいケースがあります。たとえば、店舗への集客目的でリスティング広告を利用する場合、電話での問い合わせ・注文が目的の場合、販売ではなく、認知度のアップが目的の場合などです。そういった場合は、Webサイト内にゴールがないため、効果が計測しづらいのです。

そのようなときに有効なのが「中間コンバージョン」という概念です。「おそらくお客さんになる可能性が高い人」が閲覧するであろうWebページにコンバージョンタグを入れて、そのページのコンバージョン率を計測します。

店舗への誘導が目的の場合はお店の詳細情報やアクセスマップがあるページ、電話での問い合わせが成果の場合はその直前に閲覧される可能性が高い商品ページや会社概要といったように、アタリをつけてコンバージョンタグを設置します。いくつかのケースを試すうちに、関連性の高い閲覧ページを見つけることができるでしょう。

【設置するページの例】

・会社概要ページ

・会社のアクセスマップページ

・お店の連絡先ページ

・お店のアクセスマップページ

・サービスの詳細ページ

・お客様の声ページ

・魅力的なオファーを掲載したページ（割引情報など）

　また、1ページですべてが完結するランディングページの場合は、一見取得が難しく感じますが、魅力的なオファーや情報を掲載したページを1つ作り、そのページに誘導するための大きなボタンをつけることで、データの取得が可能です。このように、可能性を絞り込んで少しでもデータを取っていくことで、無駄な広告や、収益性の高い広告を選別できるようになります。また、効果の計測に有効なページがわかれば、先述のコンバージョンオプティマイザーも使えるようになります。

不正クリックがないか調べる

　リスティング広告では、「不正クリック」対策をしています。これにより、競合業者や悪徳業者がライバルサイトの広告を過剰にクリックしても、アカウントの広告費が不当に減ることのないようにしています。
　しかし、それでも不正な広告費が発生することがあります。不正クリックには一定の傾向があるので、定期的にチェックを行いましょう。

▶ 特定の検索クエリーの検索数が極端に増えていないか

　検索クエリーのレポートを確認していて、特定のキーワードのクリック数が膨大に増えたら不正クリックを疑いましょう。特に、キーワードの平均掲載順位に変化がないにも関わらず、クリック数が数倍に増えたら、明らかに不自然です。
　ただし、テレビでその商品が取り上げられた場合などは別です。Twitterのトレンドワードなどをチェックしてみましょう。

▶ 無効なクリック数、無効なクリック率が極端に増えていないか

　Google AdWordsでは「すべてのキャンペーン」、Yahoo!プロモーション広告では「キャンペーン一覧」を表示しているときに、「表示項目の変更」を選択して、追加項目から「無効なクリック（数）」「無効なクリック率」を追加することで、これらの項目が確認できるようになります。

■ 無効なクリック数・無効なクリック率

Google AdWords

	キャンペーン	予算	ステータス	無効なクリック	無効なクリック率	キャンペーンタイプ	キャンペーンサブタイプ	クリック数	表示回数		平均CPC	費用	平均掲載順位	ラベル
	勉強会bizima_リマーケティング	￥300/日	有効	64	3.96%	ディスプレイ ネットワークのみ	リマーケティング	1,551	428,053	0.36%	￥15	￥22,917	1.4	--
	勉強会bizima	￥10,000/日	有効	15	0.99%	検索ネットワークのみ	すべての機能	1,496	70,156	2.13%	￥13	￥18,905	2.5	--

Yahoo!プロモーション広告

ウォッチ	キャンペーン名	無効なクリック	無効なクリック率	配信設定	配信状況	1日の予算	インプレッション	クリック数				
	合計	1,882	3.10				4,081,818	58,848	1.44	3.7	386,665	7
	勉強会bizima	742	1.57	オン		10,000	3,144,261	46,607	1.48	3.3	256,724	6
	肉・肉加工品・卵	244	5.15	オン		1,000	234,650	4,498	1.92	3.5	53,574	12
	勉強会	791	12.34	オン		2,000	452,680	5,617	1.24	3.4	47,871	9
	飲料	68	4.39	オン		1,000	45,946	1,480	3.22	5.7	18,693	13
	ホテルテスト	12	2.30	オン		1,500	131,701	509	0.39	8.4	5,969	12
	米	25	15.43	オン		1,000	72,580	137	0.19	10	3,834	28

　リスティング広告では、不正クリックと判断したクリックを、これらのレポートのとおりに「無効」と判断して、広告費を徴収しないようにしています。このとき、明らかに「無効なクリック（数）」「無効なクリック率」が跳ね上がっている期間があったら要注意です。普段は1～3％以内の無効なクリック率が、急に20％や30％に増えたときなどが該当します。このときは、かなりの部分をシステムが「無効」と判断してくれるのですが、残念ながら無効になりきれていないクリックがかなり残っていて、広告費を請求される場合があります。

➡ 不正クリックの疑いがあるときは

　まず、特定の検索クエリーにクリックが集中している場合は、そのキーワードを「除外キーワード」に設定して広告費の消化を防ぎます。

　この際重要なのが、キーワードの一時停止ではなく、「除外キーワード」として確実に排除することです。不正クリックが発生していると思われるキーワードを一時停止にしただけでは不十分です。一時停止したキーワードに類似した部分一致キーワードで、不正クリックが継続する可能性があ

ります。不安な場合は、一時的にキャンペーンを停止してすべての広告を
ストップするのが確実です。キャンペーンの一時停止をしたうえで、下記
のチェックリストに従って不正クリックの対応を行い、大丈夫だと判断し
たら広告を再開してください。

【不正クリックが発生した場合の対応手順リスト】
(1) キャンペーンを一時停止する
(2) 検索クエリーのレポートをチェックし、極端に偏って広告費を使って
　　いる検索クエリーを探し出す
　　不正クリックが発生したことに当日もしくは2、3日以内に気がついて
　　も、すぐに検索クエリーのデータを知ることができません。検索クエ
　　リーのデータが表示されるまで（数日から1週間ほど）待つ必要があり
　　ます。
(3) 極端に偏って広告費を使っている検索クエリーを除外キーワードに設
　　定する
(4) キャンペーンを再開する

　次に、Google AdWords、Yahoo!プロモーション広告のサポートに状況
を説明しましょう。両社とも、不正クリックの対応には力を入れており、
正当な理由があれば返金してもらえます。実際に筆者も不正クリックが認
められて返金を受けたケースがあります。

【参考】Google AdWords　クリック調査のリクエスト
　　　　http://www.google.co.jp/ads/adtrafficquality/advertisers/click-
　　　　investigation-request.html

【参考】Yahoo!プロモーション広告　お問い合わせ先一覧
　　　　http://promotionalads.yahoo.co.jp/support/contact/index.html

Google AdWordsの最適化機能を使ってラクラク問題改善

　Google AdWordsには「最適化」という機能が存在しており、あなたのアカウントの過去の履歴から、どのポイントを修正すればよいのかを提案し、1クリックで適用してくれる大変便利な機能があります。第2章、第3章で解説してきたテクニックのうち、全部とはいわないもののある程度提案して、かんたんに最適化してくれます。

　利用の仕方は、Google AdWordsの管理画面最上部にある「最適化」というタブをクリックするだけです。一定の期間、Google AdWordsを運用していれば、最適化の提案が表示されているはずです。

■最適化案のリスト

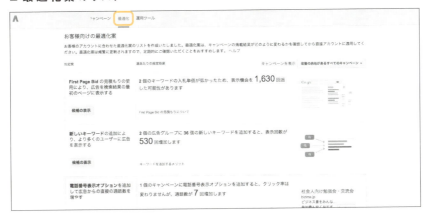

　あとは、ナビゲーションに従って各提案の詳細を見つつ、「適用」するか「×」をクリック（無視）するかを選択していけば、Google AdWordsが提案した変更点が反映されていきます。最適化の内容については、必ずしも提案内容をすべて適用させるのが正しいとは限りません。以下に一部ですが、よくある提案のパターンから、留意すべきポイントを説明します。

▶ キーワードの追加、除外の最適化のポイント

　最も多い提案です。新しいキーワードの追加や、広告費を無駄にしないために除外キーワードが提案されるケースがあります。

　除外キーワードの提案については、コンバージョンが発生していない検索クエリーが提案されるため、最適化に従う価値が高いといえます。一方で、キーワードの追加の提案については、提案のキーワードによってはクリックはされるもののコンバージョンに全く結びつかないものが提案されることも多く、実際に提案されたキーワードを確認して、明らかに効果の低そうなキーワードは無視しつつ、反映させていくことをおすすめします。

▶ 予算の引き上げに関する最適化のポイント

　1日のキャンペーンの予算上限の設定のために、広告が表示されていない時間帯が存在する場合に提案されます。機会損失に繋がっているケースのため、予算が許すのであれば素直に提案に従いましょう。

▶ 入札価格の引き上げに関する最適化のポイント

　入札価格を上げる提案です。割安でコンバージョンを獲得しているキーワードに対して提案がなされるほか、割安な価格でコンバージョンを獲得している地域の入札比率の変更なども提案されます。

　基本的には役に立つ提案が多いのですが、もともとの入札価格よりも3倍以上といった思い切った提案がなされる場合もあり、急激に広告額が増えるリスクのあるケースも存在します。入札額の引き上げの金額や比率は、あなたが許容できる範囲か、極端な数値でないか、確認してから提案を受け入れるようにしてください。

▶ 広告表示オプションの追加に関する最適化のポイント

　電話番号の表示オプションや住所の表示オプションを追加することで、直接電話からの問い合わせを獲得したり、クリック率が上がったりする可能性があります。ただし、商品・サービスによっては、そもそも電話での

受付に対応していないもの、歓迎していないケースなどもあります。

　深く考えずに「適用」をクリックしたら急に電話がかかってくるように
なった、などということがないように、あなたの商品・サービスにマッチ
した広告表示オプションか事前にチェックしましょう。

　最適化機能の注意点について触れましたが、実際にはGoogle AdWords
の最適化機能は大変便利です。うっかり設定で見落としていたようなポイ
ントを的確に指摘してくれることもあり、定期的にこのページを確認して
みることをおすすめします。

第 **6** 章

関連性の高い
Webサイトにも
広告を出そう

6-1 ディスプレイネットワーク広告に挑戦しよう

➡ ディスプレイネットワーク広告とは

　検索連動型広告（Google AdWordsでは検索ネットワーク広告といいます）は、検索結果にしか広告が出せません。商品・サービスによっては検索されるキーワードが限られているものもありますし、場合によってはほとんど検索されない場合もあります。そこで、Google AdWordsには、検索ネットワーク広告と並んで、ディスプレイネットワーク広告（Google AdWordsでのコンテンツ連動型広告）という広告機能があります。検索エンジンではなく「ホームページ」に広告を載せることでその弱点を補い、広告を出す可能性を広げる仕組みです。

　なお、Yahoo!プロモーション広告でコンテンツ連動型広告を出稿したい場合は、「Yahoo!ディスプレイアドネットワーク広告」を利用します。コンテンツ連動型広告に関しては、Googleのディスプレイネットワーク広告の方が主流であるため、本章ではGoogle AdWordsを中心に解説します。Yahoo!プロモーション広告でコンテンツ連動型広告を出稿したい場合は、230ページからの付録Aを参照してください。

　ディスプレイネットワーク広告は、あらゆるWebサイトに掲載されます。以下の画面は、SankeiBizの画面です。サイト内の文字広告や画像広告のような形で、そのWebサイトやWebサイトを見ている人の行動履歴に沿って最適な広告が表示される仕組みになっています。

■ ディスプレイネットワーク広告の例

　対応しているWebサイトは、大手のニュースサイトや無料ブログサービス、QAサイトや個人サイトまで幅広く、ピタリとハマるとあなたのWebサイトへの集客に大きな貢献をしてくれます。逆に、行政などの公共系のWebサイトやコーポレートサイトなどは広告を表示させるのを好まない運営者が多いため、対応していないケースが多いです。

Google AdSenseと、ディスプレイネットワーク広告の関係

　ディスプレイネットワーク広告では、関連性の高いWebサイトに関連性の高い広告が表示されます。また、入札制である点やクリックごとに費用が発生する点など、広告の出稿先が「検索エンジン」か「Webサイト」かの違いで、基本的には、検索ネットワーク広告と類似した仕組みになって

います。

　ただし、ディスプレイネットワーク広告では、出稿費用をGoogleとWebサイトの運営者が分け合う仕組みになっています。なぜ、たくさんのWebサイト運営者がGoogleの広告を表示するかといえば、広告の収益を山分けしてもらえるからです。このWebサイトの運営者から見た広告収入の仕組みは、「Google AdSense」と呼ばれます。

■ 広告利益の山分け

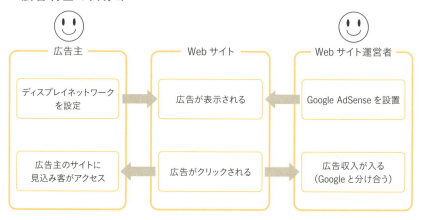

ディスプレイネットワーク広告のアルゴリズムと品質スコア

　検索連動型広告の仕組みを理解していれば、以下の2つのポイントを整理することで、ディスプレイネットワーク広告で成果を出すための基本的な仕組みも理解できるでしょう。

▶ 1　検索キーワードではなく、「ターゲット」で広告の出るWebサイトが決まる

　「検索ネットワーク広告」は、キーワードを指定すればそのキーワードの検索結果にそのキーワードの広告が出る仕組みでした。「ディスプレイ

ネットワーク広告」の場合は、Webサイトに広告が出るため、単純に指定したキーワードそのままというわけにはいきません。その代わりに「ターゲット」という概念で掲載するサイトを判断します。広告を出したいWebサイトの「ターゲット」を指定することで、Google AdWordsが独自のアルゴリズムで広告の掲載を決定します。

　ターゲットには、主に以下の種類があります。

・「キーワード」によるターゲット

　私たちが任意に設定したキーワードの組み合わせによってターゲットが決まります。最も細かい設定ができるため、上手に利用すれば、高い効果が期待できます。

・「プレースメント」によるターゲット

　直接広告を出したいWebサイトのURLを指定します。

・「トピック」によるターゲット

　Google AdWordsが事前に分類しているWebサイトのカテゴリに従って広告が表示されます。設定がシンプルな分ターゲットも絞り込まれず、広く広告が表示されます。

・「インタレスト」によるターゲット

　Webサイトではなく、Webサイトを見ている訪問者のユーザー属性によって広告を表示します。

　ほかにも、性別、年齢などを組み合わせてターゲットを決めることが可能です。詳細はそれぞれ167ページからの「キャンペーンを分けて効率的に管理しよう」で解説していきます。

▶ 2　品質スコアの決定要因

　ディスプレイネットワーク広告にも「品質スコア」はあります。原則と

しては、検索ネットワーク広告と類似した品質スコアの仕組みになっています。ただし、ディスプレイネットワーク広告では、品質スコアの数値が確認できません。品質スコアの原則を守り、インプレッションやクリック数の変化を確認しながら、以下のようなポイントをチェックしましょう。

・広告のクリック率

　検索ネットワーク広告と同様、最も品質スコアに影響力の高い指標です。一般的にディスプレイネットワーク広告は、検索ネットワーク広告に比べ著しくクリック率が低いです。そのため、クリック率が一見低く見えても、すぐに慌てないようにして下さい。

　平均的なクリック率も、広告が表示されるWebサイトによって大きく上下します。後述するように、広告グループを細かく分け、ターゲットを絞り込むことで、広告が表示されるWebサイトを厳選することが大切です。そこからさまざまな広告をテストすることで、クリック率を改善していきましょう。

・広告とWebサイトの関連性

　広告文とクリック後のWebサイトのコンテンツがかけ離れないように注意して下さい。この点は極端に慎重になりすぎる必要はありませんが、ユーザー体験を損ねると、品質スコアだけでなく、コンバージョンにも影響し、結果的に広告費の無駄遣いに繋がります。

・Webサイトの表示速度

　こちらも、検索ネットワーク広告と同様です。広告クリック後のWebサイトの表示速度に問題がある場合は、品質スコアに影響します。Webサーバーの状態が良好か、またWebサイトにファイル規模の大きい画像などを掲載しすぎていないかなど注意しましょう。

6-2 キャンペーンを分けて効率的に管理しよう

➡ ディスプレイネットワークだけに広告を出す方法

　検索ネットワーク広告とディスプレイネットワーク広告は、1つのキャンペーンで同時に管理することも可能です。しかし、同一のキャンペーンで管理した場合、キャンペーンの予算や入札価格、設定したキーワードなど、あらゆるものが連動してしまいます。これでは、それぞれの広告について細かい管理が難しくなるので、必ずキャンペーンを分けるようにしましょう。

　新しくキャンペーンを作成する際にネットワークの種類を選ぶことができます。ここで、「ディスプレイネットワークのみ」を選択します。

■ キャンペーンを分けて出稿

　また、リスティング広告を管理していてありがちなのが、検索ネットワーク広告だけを運用しているつもりだったのに、知らない間にディスプレイネットワーク広告をONにしていて広告費がかかっているという可能性です。こちらも、最初にチェックしておきましょう。

➡ 検索ネットワーク広告のキャンペーンをコピーする

　ディスプレイネットワーク広告は、検索ネットワーク広告とは勝手が違うため、キャンペーンの設定に尻込みしてしまうかもしれません。そんな場合は、まずはテストケースとして、検索ネットワーク広告で成果が出ているキャンペーンをそのままコピーして貼り付けるのをおすすめします。

　キャンペーンのコピー＆貼り付けは、「AdWords Editor」を利用するとかんたんです。詳しくは付録Bで紹介しています。

・AdWords Editor
http://www.google.co.jp/intl/ja/adwordseditor/

　Google AdWords Editorにログインし、左のキャンペーンリストから、コピーしたいキャンペーンを選択します。

■キャンペーンの選択

　コピーしたいキャンペーンを選択した状態で、ツールバーの「編集」→「コピー」をクリックします。

■ キャンペーンのコピー

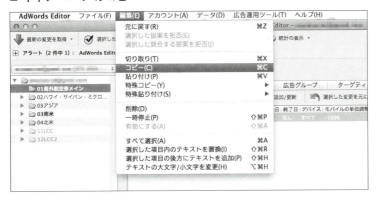

ツールバーの「編集」→「貼り付け」をクリックします。キャンペーンがコピーされます。

■ キャンペーンの貼り付け

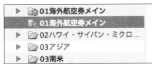

コピーしたキャンペーンの「キャンペーン名」を変更して、「ネットワーク」の「ディスプレイネットワークのみ」を選択します。

■ 検索ネットワークのみ

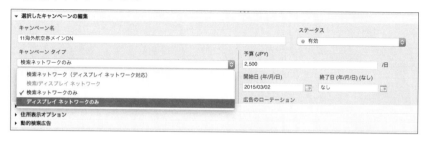

　これで、ディスプレイネットワークに対応したキャンペーンが完成しました。

　検索ネットワーク広告のグループ分けや広告の設定がきちんとできていれば、ディスプレイネットワーク広告でも基本的なパフォーマンスを発揮できる可能性が高いです。まずはこのように運用して、どのくらい広告費を消費するか、コンバージョンがどのくらい取れるか、どんなWebサイトに表示されるかなど、実際に運用をしてレポートの情報から数値を計測します。そのうえで、ターゲットのキーワードを増やしたり減らしたりする、入札価格を変更するなどして調整すると、ディスプレイネットワーク広告の敷居がグッと低くなります。
　ディスプレイネットワーク広告は、どんなところに広告が出るか、開始するまでわかりません。まずは、素早くスタートして調整していくくらいの気持ちで臨みましょう。

6-3 細かいターゲティングで、広告の表示効果を高める

キーワードによるターゲティングで費用対効果をアップ

ディスプレイネットワーク広告は、ターゲットの設定が重要です。ターゲティングにはいくつかの方法がありますが、費用対効果がよい方法の1つが「キーワード」によるターゲティングです。

キャンペーンを作成後、「広告ターゲットの選択」から、「ディスプレイネットワークのキーワード」を選択して設定可能です。

■ ディスプレイネットワークのキーワード

検索ネットワーク広告と同様、1グループに対して複数のキーワード群を設定できます。グループ単位で広告が表示される点も同様です。

▶ **成功のポイント①**
　細かなグループ分け

　広告グループに対してキーワードを複数設定できるということは、設定したキーワード群と広告が一致することが極めて重要になります。たとえば旅行系のサイトの場合、「海外ホテル」「海外旅行」「国内ホテル」「品川区ホテル」「国内航空券」といったキーワードを全部1つのグループに突っ込んでしまうと、広告の表示されるWebサイトがバラバラになってしまい、平均的なクリック率が低下することから、品質スコアも低下します。

　「海外ホテル」系のキーワードはそれだけで1つのグループを作り、対応する広告文を作る、「国内航空券」系のキーワードは、同じくそれだけで1つのグループを作り、対応する広告を作る、といったように、細かいキーワードのグルーピングが大切になります。

■ **細かいグルーピングが大切**

▶ **成功のポイント②**
　検索ネットワーク広告よりも広いキーワードを考える

　ディスプレイネットワーク広告では、検索ネットワーク広告で設定するキーワードとは傾向が異なる場合があります。

　たとえば、あなたが税理士事務所を運営していたとしましょう。その場合、検索ネットワーク広告であれば、「税理士　港区」「会社設立」「法人設立」などといった、税理士を直接探しているか、会社設立など具体的に税理士が必要な「アクション」に合致するキーワードが効果的です。検索ネットワーク広告では、明確に目的をもって情報を調べている人と、情報

を一致させる必要があるからです。

しかし、ディスプレイネットワーク広告は、なんとなくWebサイトを見ている人にも広告を表示させます。ターゲットが閲覧しそうなWebサイトを考えてみましょう。

これから会社を作る、もしくは作って税理士が必要になる人は、「創業補助金」「社会保険」「創業融資」「雇用保険」などをテーマにしたWebサイトを閲覧している可能性があるでしょう。「会計ソフト」を探している可能性もあります。こういったキーワードも、ターゲティングの対象になる可能性があります。

▶ 成功のポイント③
関係のありそうなWebサイトのイメージを、マインドマップや、チャートで図にしてみる

あなたの運営しているWebサイトに関係の強い人が、普段どんなWebサイトを見ているか想像を働かせてみましょう。事前に、あなたのWebサービスのお客さんが、どんなWebサイトのどんなコンテンツを見る可能性があるのかを整理すると、おのずとキーワードも浮かんできます。たとえば、先ほどと同様、税理士事務所を運営しているケースですと、税理士が必要なタイミングの人は、どんなコンテンツに接触する可能性があるかを考えます。

巨大なWebメディアの場合は、「ニュースサイトの起業ネタ」「起業に特化したWebメディア」「Q＆Aサイトの起業に関するQ＆Aコンテンツ」。個人のブログであれば、会社設立の体験記をまとめたページなど……。フリーソフトダウンロードサイトから、「会計」や「経理」に関するフリーソフトを探しているかもしれません。

マインドマップやチャートなどでかんたんな図にしてみると、頭が整理できます。マインドマップは、頭に浮かんだものをそのまま図にしていく整理法です。考えたい中心のテーマから、外に向かって次々に枝を伸ばしていきます。枝はどれだけ伸びても構いません。型にとらわれず、自由に連想を広げていきましょう。

■ マインドマップでイメージを膨らませる

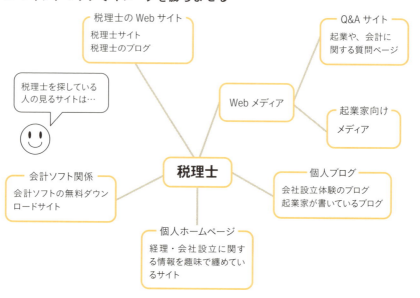

トピックターゲットでかんたんにディスプレイネットワーク広告を出す

　ディスプレイネットワーク広告のターゲティングの方法の中には、Google AdWordsが独自にWebサイトを分類したトピックに対して広告を出稿する、トピックターゲットという機能があります。

　キャンペーンを作成後、「広告のターゲットの選択」から、「別のターゲティング方法を使用」を選択し「ターゲティング方法を選択」から「トピック」を選択して設定可能です。

■ トピックによるターゲティング

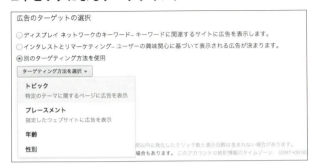

　Google AdWordsが分類したトピックを選択することで、そのトピックに関係するWebサイトに自動的に広告が表示されます。キーワードを細かく設定して広告を出すのに比べてわかりやすく、設定もすぐに完了します。ディスプレイネットワークの設定に時間がかかるのに悩んでいる人にとっては、気軽にはじめられるというメリットがあります。

　一方でシンプルですが、かなり大雑把な分類で広告が表示されるため、キーワードでターゲティングするのに比べると、幅広く広告が出すぎて無駄な広告費がかかってしまう可能性もあります。

■ トピックの分類例

インタレストカテゴリで、ユーザーの興味関心に沿った広告を出す

　インタレストカテゴリによるターゲティングは、Webサイトの閲覧者の興味関心に沿って広告を表示させます。一見トピックターゲットに似ているように思えますが、全く異なります。

　インタレストカテゴリでは、過去にユーザーが訪問してきたWebサイトの履歴からユーザーの関心（インタレスト）を分析して広告を表示します。

　たとえば、マンション購入を検討していて、さまざまな個人用のマンションに関係する不動産サイトを見ているAさんがいます。Google AdWordsはこれらの閲覧履歴から、このAさんを「居住用不動産に興味・関心がある人」と判断します。あとは、あなたがインタレストカテゴリで「居住用不動産」を選択すれば、Aさんがどのサイトを閲覧しているか関係なしに、あなたのWebサイトの広告が表示されるという仕組みです。Aさんが現在、不動産とは関係ないグルメサイトなどを見ていても関係ありません。Webサービスや商品による相性はありますが、インタレストカテゴリはピタリとハマると高い効果を発揮します。

　インタレスト（興味）は、GoogleがさまざまなデータからWebユーザー1人1人の興味・関心を割り出しています。この興味・関心の抽出の正確さは、ジャンルによって幅があります。またあなたのWebサイトと相性がよいかも重要です。こればかりは、実際に広告を出してみないとわかりません。

　また、インタレストカテゴリのもう1つのメリットは、Webサイトのテーマと関係なしに広告が出せるという点です。あなたの運営しているWebサイトに関連するテーマで広告が出せるWebサイト（Google AdWordsに対応しているサイト）の数には限度があります。人によっては、出せるサイトがすごく少ないということもあるでしょう。インタレストカテゴリは、Webサイトのテーマではなく、Webユーザー1人1人の興味で広告を出すので、そのような場合であっても、ディスプレイネットワーク広告を表示するチャンスを広げることができます。

キャンペーンを作成後、「広告ターゲットの選択」から、「インタレスト
とリマーケティング」を選択し、「興味/関心」タブを選択して設定しま
す。

■ インタレストとリマーケティング

```
広告のターゲットの選択

○ ディスプレイ ネットワークのキーワード− キーワードに関連するサイトに広告を表示します。
◉ インタレストとリマーケティング− ユーザーの興味関心に基づいて表示される広告が決まります。
○ 別のターゲティング方法を使用

インタレストとリマーケティング ?

興味/関心 ?   リマーケティング リスト ?   組み合わせリスト ?

リスト名で検索                              選択したユーザー リスト: 0 個

カテゴリ: 2,360
⊞ アフィニティ カテゴリ（リーチ）
⊞ 購買意向の強いユーザー層（ROI）
⊞ その他のユーザー層
```

組み合わせで効果を発揮する、年齢・性別による ターゲティング

　ディスプレイネットワーク広告は、年齢・性別によってもターゲティン
グが可能です。

　キャンペーンを作成後、「広告のターゲットの選択」から、「別のターゲ
ティング方法を使用」→「年齢」または「性別」を選択して設定できま
す。

■ 年齢・性別によるターゲティング

```
広告のターゲットの選択

○ ディスプレイ ネットワークのキーワード− キーワードに関連するサイトに広告を表示します。
○ インタレストとリマーケティング− ユーザーの興味関心に基づいて表示される広告が決まります。
◉ 別のターゲティング方法を使用

年齢 ▼

    トピック
    特定のテーマに関するページに広告を表示

    プレースメント
    指定したウェブサイトに広告を表示

    年齢

    性別
```

年齢・性別のターゲティングは、単体で使った場合は効果が低いと言わざるを得ません。たとえば、ターゲティングを「男性」に設定すると、男性に該当する人全員に広告が表示されます。年齢も、「25-34」に設定すると、その年齢全部がターゲットになり大雑把すぎます。

　年齢・性別ターゲティングの有効な活用方法は、ほかのターゲティングとの組み合わせにあります。たとえば、すでにキーワードによるターゲティングを行っているキャンペーンがあるとします。この中で、「国内航空券」に関するキーワードでターゲティングしたキャンペーンのレポートを参照します。参照した結果、「男性」の「45-54」のコンバージョン数が多く、費用対効果も高いことがわかったら、その性別と、年齢をターゲティングしたグループを作成して入札価格を上げるなどといった調整をします。

　ポイントになるのは、年齢・性別でターゲティングしていない広告グループでも、レポートにより、年齢・性別による広告の結果を後から見ることができるという点です。レポートを見るには、ディスプレイネットワークを選択しているキャンペーンの、閲覧したい広告グループを選択します。その後、「ディスプレイネットワーク」タブをクリックして、「性別」もしくは「年齢」をクリックします。

■「ディスプレイネットワーク」タブ

　「性別」ごとの結果、もしくは、「年齢」ごとの結果がレポートで表示されます。レポートを見るとわかりますが、ほとんどの商品やサービスでは、「性別」にしても「年齢」にしても、「不明」がかなりの数で存在します。特定の年齢・性別を絞り込んでしまうと、「不明」の人たちにも広告が表示されなくなってしまうので注意が必要です。「不明」の中にもターゲットが混ざっていることが予想されるからです。

■ 性別のレポートの例

	※	性別	ステータス	クリック数	表示回数	クリック率	平均クリック単価	平均CPM	費用	コンバージョンに至ったクリック	費用/コンバージョンに至ったクリック	コンバージョンに至ったクリック数	ビュースルーコンバージョン	★コンバージョン	コンバージョン単価	コンバージョン率	合計コンバージョン値	コンバージョン値/コスト	コンバージョン値/クリック	値/コンバージョンに至ったクリック	値/コンバージョン	リンク先URL	適用範囲
☐	※	女性	自動	749	246,633	0.30%	¥54	¥163	¥40,177	28	¥1,435	3.74%	0	38	¥1,057	5.07%	0.0	0.0	0.0	0.0	0.0		入札単価のみ
☐	※	不明	自動	895	399,626	0.22%	¥48	¥106	¥43,166	27	¥1,599	3.02%	0	33	¥1,306	3.69%	0.0	0.0	0.0	0.0	0.0		入札単価のみ
☐	※	男性	自動	926	423,411	0.22%	¥54	¥118	¥49,918	18	¥2,773	1.94%	0	23	¥2,170	2.48%	0.0	0.0	0.0	0.0	0.0		入札単価のみ

➡ 効果の高いプレースメント広告

　ディスプレイネットワーク広告で必ず押さえておきたい機能が、プレースメントです。プレースメント広告は、URLを指定して広告を出すことが可能です。つまり、すでに成果に繋がりやすいWebサイトやWebページを知っていれば、そこに集中的に広告を出すことでより高い成果を出すことができます。効果の高いWebページは、もちろんライバルも広告を出したいことが多いでしょう。その場合は、入札単価と品質スコアでの競争となります。とはいえ、Webサイトには膨大な数のWebページが存在しています。その中からあなただけのコンバージョンを取りやすい、当たりのWebページを発見できると大きなメリットが得られます。

▶ プレースメントの設定方法

　キャンペーンを作成後、「広告ターゲットの選択」から、「別のターゲティング方法を使用」を選択します。「プレースメント」を選ぶことで設定が可能です。

第6章 関連性の高いWebサイトにも広告を出そう

■ プレースメント

広告のターゲットの選択

○ ディスプレイ ネットワークのキーワード– キーワードに関連するサイトに広告を表示します。
○ インタレストとリマーケティング– ユーザーの興味関心に基づいて表示される広告が決まります。
◉ 別のターゲティング方法を使用

プレースメント ▾

| トピック |
| 特定のテーマに関するページに広告を表示 |
| **プレースメント** | 選択したプレースメント: 0 個 |
| 指定したウェブサイトに広告を表示 | ...してください 検索 |
| **年齢** |
| **性別** |

▶ プレースメントは指定したURL以下に広告が表示される

　プレースメント広告で注意しなくてはいけないポイントは、指定した
URL以下に広告が配信される点です。たとえば、「http://example.com」
を指定すれば、このドメイン以下のすべてのページが対象になります。
「http://example.com/omoshiro.html」と指定すれば、指定したページだ
けが対象になります。

　Webサイト全体があなたの商品・サービスと相性のよいものであれば、
ドメイン全体を指定しても高いパフォーマンスが得られるでしょう。しか
し、Q&Aサイトのように、さまざまなジャンルの情報が網羅されている
Webサイトをプレースメントのターゲットにする場合は、関係する個別の
WebページのURLを指定する必要があります。

■ URLと広告の表示範囲

指定したドメイン以下のさまざまなページに広告を表示

指定したWebページのみに広告を表示

▶ 成果の出るWebサイト、Webページの見つけ方

すでにキーワードターゲティングなどでディスプレイネットワーク広告を運用しているのであれば、レポートから効果の高いWebサイト、Webページを見つけることができます。

ディスプレイネットワークを選択しているキャンペーンの、閲覧したい広告グループを選択します。その後、「ディスプレイネットワーク」タブをクリックして、「プレースメント」をクリックします。

■「プレースメント」を選択

これで、Webサイト（ドメイン）単位でのレポートが表示されます。このリストを見ることで、Webサイトごとの費用対効果を調べることができます。具体的には「コンバージョン数」や、「コンバージョン単価」でパフォーマンスが高いものをピックアップするのがよいでしょう。

また、ドメイン単位ではなく個別のWebページごとのレポートを確認することもできます。「詳細を表示」→「すべて」をクリックすれば、個別のURLごとのレポートが表示されます。

　特定のドメイン内でのWebページごとのパフォーマンスを確認したい場合は、詳しく調べたいドメインにチェックを入れて、「詳細を表示」→「選択」をクリックすれば、詳しい情報を調べることができます。成果の高いWebサイト（ドメイン）やWebページがわかったら、それらを新しくプレースメント用のキャンペーンや広告グループに登録していきましょう。

　そのほかに、187ページで紹介する「ディスプレイキャンペーンプランナー」を使うことで、指定したキーワードやURLと関係性が高くトラフィックが多いWebサイトを見つけることもできるので、おすすめです。

▶ リマーケティングや、インタレストカテゴリとの競争に注意

　成果の高いURLが見つかったら、「プレースメントで高額の入札価格で1位表示をキープしよう」と思ってしまうかもしれませんが注意が必要です。

　「プレースメント」の広告は、ほかのWebサイトの「リマーケティング」や「インタレストカテゴリ」の広告とも競合するため、急に高い入札価格を設定すると、びっくりするくらい広告額が跳ね上がる可能性もあります。というのも、「不動産」や「人材関連」などのように、もともと入札単価が非常に高い分野のリマーケティング広告など、相場の違う分野の広告が競争相手として飛び込んでくる可能性があるからです。「成果の出るWebサイト」を見つけたら広告枠を独占したい気持ちはわかりますが、たとえば1月ごとに10％〜30％程度のペースなど、徐々に入札価格を上げていくのを心がけ、相場の違う異業種の広告と競合しないよう、上手な運用を心がけましょう。

6-4 ターゲティングを掛け合わせてより効果を上げる

　さまざまなディスプレイネットワーク広告のターゲティング方法を説明してきましたが、これらのターゲティングは、掛け合わせによってさらに対象を絞り込むことができます。代表的なおすすめの掛け合わせを紹介します。

➡ 「トピックターゲット」×「キーワードターゲット」

　トピックターゲットは、ざっくりした区分で広告を出すことができますが、少々ターゲットが広すぎることがあります。トピックターゲットをさらに関係あるキーワードで絞り込むことで、関係性の高いサイトに集中して広告を出すことができます。

- トピック「オーガニック食品、自然食品」×キーワード「プロポリス」「はちみつ」
- トピック「服飾」×キーワード「革靴」「ストール」

➡ 「プレースメント」×「キーワードターゲット」

　掛け合わせの中で最も役に立つパターンの1つです。プレースメントの中には、「Gmail」や、「大手のニュースサイト」、「Q&Aサイト」など、さまざまなジャンルを扱うWebサイトがあります。こういったWebサイトをプレースメントで指定する場合には、さらに関係あるキーワードで絞り込むことで費用対効果が格段に上がります。有名どころでは、「Gmail（mail.google.com）」「価格.com（kakaku.com）」「アメブロ（ameblo.jp）」「goo（goo.ne.jp）」などが、対象として効果的です。

・プレースメント「Gmail（mail.google.com）」×キーワード「占い」
　Gmailのメールで占いに関するやりとりをしたときだけ広告が表示される。

・プレースメント「アメブロ（ameblo.jp）」×キーワード「ニキビ」「肌荒れ」
　アメーバブログのブログ記事で、ニキビや肌荒れをテーマにしたブログ記事が書かれたときにだけ広告が表示される。

➡ 「年齢・性別」×「あらゆるターゲット」

　年齢・性別については、よほど広いターゲットを扱っている商品・サービスでない限り、単体で利用するというよりは、組み合わせによって、より高い効果を発揮するためのターゲットといってよいでしょう。

・キーワード「母の日　ギフト」×性別「男性」
　母の日ギフトに関係のあるコンテンツが掲載されたWebサイトで男性にだけ広告が表示される。

・キーワード「肌荒れ」×年齢「35-44」×性別「女性」
　肌荒れに関係のあるコンテンツが掲載されたWebサイトで、35歳〜44歳の女性にターゲットを絞って広告が表示される。

6-5 無駄な広告費を排除する方法

　検索ネットワーク広告では、除外キーワードを設定することで、無駄なキーワードで広告を出ないようにすることができました。ディスプレイネットワーク広告では、キーワードではなく「Webページ」を除外することで、同様の効果を実現できます。

　181ページを参考に、無駄な広告費を発生させているWebサイト（ドメイン）や、Webページを発見することができます。ドメインやURLの除外は、レポート表示時の画面を下にスクロールして、「キャンペーンの除外プレースメント」という項目から設定が可能です。

■キャンペーンの除外プレースメント

　そのほかに、サイトカテゴリオプションから、アダルトや、犯罪に関わるサイトなどデリケートな分野のWebサイトに広告が表示されないよう、除外設定をすることも可能です。

■ サイトカテゴリオプション

6-6 ディスプレイキャンペーンプランナーを使って効果の事前予測を行う

　ディスプレイキャンペーンプランナーは、Google AdWordsが提供しているディスプレイネットワーク広告用の、ターゲット候補や広告費、アクセス数の見積ができるツールです。ターゲットとして考えているキーワードやURLを入力することで、候補となるターゲットのキーワード、カテゴリ、またプレースメントの候補となるWebサイトのデータが表示されます。ターゲットの「年齢」「性別」「デバイス」などの比率も表示されます。

■ 掲載可能なネットワーク広告枠

　特にプレースメントの候補になるWebサイトの情報は便利で、候補のドメインごとに、「関連性」「平均クリック単価」「表示回数」などを表示してくれます。

■ プレースメントの候補となるWebサイトの情報

データの利用法ですが、実際に候補となるWebサイトの表示回数などを見ることで、どのようなWebサイトに特にたくさん表示されることになるのかが予測できます。可能であれば、表示回数が多くなりそうな候補のWebサイトを実際に閲覧してみて、あなたの商品・サービスと実際にどのくらい相性がよいのかを調べてみることができます。

　もし、あなたの商品・サービスと、候補となるWebサイトがあまりにかけ離れている場合は、キーワードを見直したり、ターゲットを絞り込んだりする必要があります。逆に、候補となるWebサイトと明らかに相性がよさそう！と感じられたら、プレースメントによるターゲティングでURLを指定して広告を配信するのも選択肢に入ります。

　実際に、そのWebサイトとあなたの商品・サービスの相性については、あなた自身の業務知識からも判断できる部分が多いでしょうが、「年齢」「性別」などの情報も参考になります。そのWebサイトがあなたの商品・サービスを好むユーザーと年齢・性別であまりに違和感がある場合は、成果の出にくいWebサイトかも知れません。

　プレースメントによるターゲティングでは、過去のレポートから成果の上がりやすいWebサイトを探し当てましたが、ディスプレイキャンペーンプランナーを使えば、広告を開始する前の時点で、候補となるWebサイトをある程度リストアップすることができます。最初からプレースメントを実行することも可能になるでしょう。

6-7 イメージ広告を運用する

　ディスプレイネットワーク広告の大きな特徴の1つは、イメージによる広告が可能な点です。イメージ広告とは、わかりやすくいえばバナー広告のことで、テキストだけでなく、イメージ（画像）でもWebサイトに広告を出すことが可能になっています。

　画像を事前に作成する必要があることから、どうしても後手に回ってしまう広告ですが、その分取り組んでいるWebサイトが少ないことや、画像で訴求できることからインパクトも大きいのが特徴です。また、広告を表示させるだけで会社のロゴや商品の写真などをターゲットに認知させることができるのもイメージ広告の特徴です。

➡イメージ広告運用3つのポイント

▶ 1　すべてのパターンのサイズを用意する

　イメージ広告のフォーマットは、以下のとおりたくさんのパターンが存在しています。Webサイトにより、どのフォーマットに対応しているかが異なっているため、極力すべてのパターンでイメージを作成するのが望ましいです。それだけで、広告の露出量が増えるでしょう。

　デザインについては、サイズごとにすべてデザインを大きく変えると手間がかかってしまうため、まず336×280などで1つベースとなるデザインを作ります。その後、それをサイズに合わせて縮小したり、組み替えたりして使いまわすようにして全サイズを作成しましょう。

■ PCでのサイズ一覧

250×250	スクエア
200×200	スクエア（小）
468×60	バナー
728×90	ビッグバナー
300×250	レクタングル
336×280	レクタングル（大）
120×600	スカイスクレイパー
160×600	ワイド　スカイスクレイパー
300×600	ハーフページ広告
970×90	ビッグバナー（大）

■ モバイルでのサイズ一覧

320×50	モバイル　ビッグバナー
200×200	スクエア（小）
250×250	スクエア
300×250	レクタングル
320×100	モバイル　バナー（大）

▶ 2　画像でも、「言葉」が重要

　イメージ広告を見る人の印象に残るような、強いキャッチコピーや具体的なメリットを言葉で表現できるのが望ましいでしょう。

■ 具体的な金額や数値などがはっきりわかる広告は目を惹く

▶ 3 イメージ広告とテキスト広告で、キャンペーン・グループを分ける

イメージ広告とテキスト広告は、必ずグループを分けましょう。混乱を避けるためには、キャンペーンのレベルで分けるくらいで丁度よいです。イメージ広告とテキスト広告では、入札の単価や費用対効果、除外すべきプレースメント、集中すべきプレースメントなどが大きく変わってくる可能性があります。それぞれ個別の運用をすることできめ細やかな調整が可能になります。

➡イメージ広告をかんたんに作る方法

イメージ広告は、画像を作る敷居の高さがネックになりがちです。気軽に広告を作成・テストするための方法を紹介します。

▶ Google AdWordsの自動作成システムを利用する

Google AdWordsには、あなたのWebサイトの画面を読み込んで、イメージ広告用のイメージを自動で作成してくれる機能があります。

広告の作成→「イメージ広告」→「次のリンクから広告の候補を取得」でURLを確認→「広告の作成」で、さまざまなパターンのイメージの候補を作成してくれます。あなたのWebサイトとの相性がよければ、これだけで最初のテストに十分使える画像を用意してくれます。もちろんあらゆるサイズパターンにも自動対応しています。

▶ クラウドソーシングを利用する

ディスプレイネットワーク広告用のイメージだけを素早く低価格で作ってくれないかという要望にぴったりなのが、クラウドソーシングです。Web上で条件を入れて募集をかけることで、フリーランスのデザイナーがバナーを作成してくれます。クリエイターによりますが、かなり低価格で作業をしてくれる場合があります。

第**6**章
関連性の高いWebサイトにも広告を出そう

【おすすめクラウドソーシング】

・ココナラ（http://coconala.com/）
　ロゴや画像を1点500円から作成できます。

・クラウドワークス（http://crowdworks.jp/）
　クラウドソーシングの大手です。条件による応募から、コンペ形式など、さまざまな形でクリエイターに募集をかけられます。

第 **7** 章

もっと集客させたい
ときの広告技術

7-1 追客に最適なGoogle AdWordsリマーケティング

➡リマーケティング広告とは

　あなたは、とあるWebサイトを見た後に、やたらとそのWebサイトの広告をあちこちで見ることになったという経験はありませんか。それが、リマーケティング広告です。

　リマーケティング広告は、あなたのWebサイトにソースコードを埋め込むことで、一度あなたのWebサイトを閲覧した人を追跡して、その人が訪れたほかのWebサイトにも、あなたのWebサイトの広告を表示させる仕組みです。

・リスティング広告で集めたユーザーに関係なく、Webサイトを訪問したユーザー全員を対象にできる
・訪問したページや、訪問した時期などで広告の配信を細かく分けることができる
・性別、年齢などのターゲティングと組み合わせることもできる

といった特徴があります。

■ リマーケティング広告の特徴

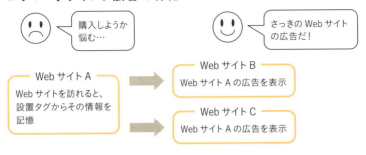

一度訪問したユーザーを記憶して、広告でアプローチする

　あなたのWebサイトに一度でも訪問したユーザーは、見込み客である可能性があります。複数のWebサイトで検討中だったり、タイミングが合わなかったりした場合などは、再度広告でアプローチすることで購入に結びつく可能性が高まります。

➡リマーケティング広告の設定方法

　リマーケティング広告の設定は少々複雑です。設定には、下記の3ステップがあります。

■ リマーケティング広告設定の流れ

▶ 1　リマーケティングタグをWebサイトに設置する

　Google AdWordsの「すべてのキャンペーン」が表示されている状態で、画面左下の「共有ライブラリ」を選択します。「ユーザーリスト」の「表示」をクリックすると、リマーケティングの解説画面が表示されるので、

「リマーケティングを設定」をクリックします。

■ ユーザーリスト

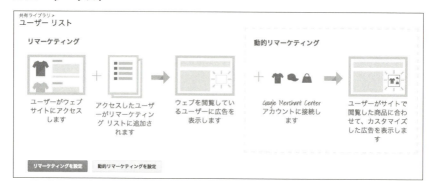

　クリックすると、Google Analyticsのタグを利用するか、タグと設定手順をメールで送信するかの選択が表示されます。Google AdWordsをGoogle Analyticsと連携している場合は、「Googleアナリティクスタグを利用する」にチェックを入れ、連携するアカウントを選択して「送信して次へ」をクリックします。Google Analyticsと連携していない場合は、「タグと設定手順をメールで送信」の箇所にメールアドレスを入力して、「送信して次へ」をクリックします。タグが記載されたメールが入力したメールアドレスに届くので、関係するすべてのWebサイトにコードを埋め込みます。（タグは、ドメインの異なる複数のWebサイトに埋め込むこともできます。）

　このタグを埋め込んだWebページにユーザーがアクセスをすると、そのデータをGoogle AdWordsが取得して、リマーケティング用の行動データ（リマーケティングリスト）のおおもとを取得してくれるようになります。基本的には、あなたが運営しているWebサイトのすべてのページにリマーケティングタグを埋め込むようにして下さい。

▶ **2　リマーケティングリストを作成する**

　「共有ライブラリ」を選択して「ユーザーリスト」の「表示」をクリックするとユーザーリストの一覧画面が表示されるので、「＋リマーケティング リスト」をクリックします。次のような画面が表示されるので、リ

ストを作成してみましょう。商品を買ったばかりの人に広告を出しても意味がないため、ここでは「Webサイトを訪れたけれど、商品を買わなかった（コンバージョンしなかった）人」をターゲットにしたリストを作成します。

■ 新しいリマーケティングリスト

それぞれの項目を下記のように入力します。

・リマーケティングリストの名前
　任意の名前を入力します。ここでは仮に「30日以内リスト」とします。

・リストに追加するユーザー
　「特定のページのみを訪問したユーザー」を選択します。
　「ユーザーが訪問したページ（次のいずれか）：」には、「URL」「次を含む」を選択し、ドメインURLを入力します（例：“http://example.com”）。
　「ユーザーが訪問しなかったページ（次のいずれか）：」には、コンバージョンタグが入ったページ（買物完了や、問い合わせ完了など）のURLを入

力します。

　これで、Webサイトは訪問したけれど、コンバージョンしなかった人のリストが作成できます。

・有効期間

　ここでは、初期状態の「30日」を指定します。購入までに長い検討期間がある商品・サービスの場合はもっと長い期間も考えうるでしょう。最大で540日まで指定することが可能です。

・説明

　作成したリマーケティングリストの目的や詳細を忘れないように、任意でメモを書くことができます。空欄のままでも構いません。

　保存をクリックすると、リストが作成されます。

▶ 3　リストのターゲティンググループを作成する

　新しくキャンペーンを作成します。タイプに「ディスプレイネットワークのみ」を選択し「リマーケティング」にチェックを入れ、1日の予算などキャンペーンの設定を行い「保存して次へ」をクリックします。

■ **タイプの選択**

　広告グループの設定画面に移動します。広告グループ名を入力し、CPC（入札価格）をセットしたら、リマーケティングリストから先ほど設定した「30日以内リスト」を選択して、「保存して次へ」をクリックします。

■ グループ作成の完了

　あとは、広告文を作成すれば、リマーケティングの設定は完了です。

　リマーケティング用のデータ（Cookie情報）が一定数溜まるまでは広告が開始されないので注意しましょう。リスト数は、「共有ライブラリ」を選択して「ユーザーリスト」の「表示」をクリックすると表示されるユーザーリストの一覧画面から確認することができます。

➡リマーケティングは期間を細かく分ける

　リマーケティング広告は、最初にWebサイトを訪れた日にちからの期間によって、コンバージョン数やコンバージョンにかかる費用が大きく変わってきます。たとえば、「パソコンの修理」や「水道工事」といった急ぎのお客さんが多く、購入までの決定が早い商品・サービスについては、はじめてWebサイトに訪問してから1日以内のリマーケティングは大変効果が高く、7日以内、15日以内、30日以内と、段々効果が落ちていきます。となると、1日以内の入札価格は高めに、7日以内はやや高め……と期間ごとに入札額を調整していくことで、効率的にコンバージョンを獲得していくことが可能です。

■ 訪問期間とコンバージョン率の関係

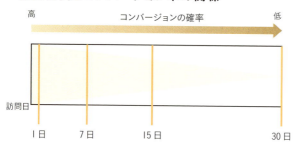

期間ごとのリマーケティングリストの設定は、203ページ以降を参考に、30日以内、15日以内、7日以内、1日以内といったように、複数の期間のリストを作成します。ただし、このままでは、1日以内と7日以内を同時にONにした場合に広告が重複してしまいます。その場合は、1日以内のリストを除外する「2〜7日以内」というリストを新たに作成します。

次の画像のようにリストに追加するユーザーに「組み合わせリスト」を選択し、「7日以内リスト」から、「1日以内リスト」を除外するように設定します。

■ 組み合わせリスト

➡ 訪問者の興味のカテゴリでリストを分ける

　規模の大きいECサイトでは、さまざまなジャンルの商品を取り扱っている場合があります。たとえば、ファッション系のサイトでも「バッグ」「シューズ」「インナー」「アウター」といった商品ごとに、購入率や、平均単価など傾向が変わってきます。

　それぞれのカテゴリの商品ページを訪問したユーザーごとに、個別のリストを作成しましょう。すべてのカテゴリに対して同じリマーケティング広告を表示するよりも、カテゴリごとに最適化した広告を表示したり、それぞれ入札単価を調整したりしたほうが、より訪問者の興味にマッチした広告運用が可能になります。

■ カテゴリ別にリストを作成

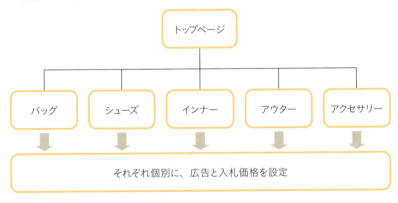

　「バッグ」のカテゴリを訪問した人は「バッグ」に関する広告を、「シューズ」のカテゴリを訪問した人には「シューズ」に関する広告を表示するといったように、最適化を図ることで、クリック率や購入率などの改善が期待できるでしょう。

➡ 訪問者の興味の深さでリストを分ける

　Webサイトは、閲覧されるページによって、訪問者の興味の深さが変

わってきます。たとえばECサイトの場合は、下記の図のように興味の深さが予想できます。ページごとにターゲットリストを分けて運用することで、費用対効果を上げることができるでしょう。

■ ページと興味の深さの関係

▶ ブログ、自社メディア

　ECサイトが店長ブログや自社メディアを運営している場合は、そのサイトにアクセスした人もリマーケティングのリストに利用できます（違うドメインで運用していてもOKです）。ただし、ブログなどの場合は、たまたま検索で別の目的でやってきた訪問者なども想定できるため、興味は浅いといえるでしょう。

▶ トップページ

　トップページだけを見て離脱してしまったユーザーは、ほどほどの興味があるといえます。というのも、Webサイトへの関心が深く、実際に商品を購入するかどうか悩むようなユーザーは、トップページだけでなく2ページ、3ページとページを移動するからです。このようなユーザーは、リマーケティングを行うにしても、次のユーザーに比べ、入札額を30％減らすなどといったように、低めの予算設定をしたほうがよいかもしれません。ただし、リスティング広告用にランディングページを1ページしか作っていないWebサイトの場合や、1ページだけで判断できるようなWebサイトの場合は、この例は当てはまりません。

▶ 商品ページ

　商品ページまで閲覧した訪問者は、比較的高い興味関心をもっていると
いえるでしょう。商品ページを見たけれども購入には至らなかったユー
ザーというのは、たまたまタイミングが悪かっただけかもしれません。も
しかすると、複数のWebサイトをぐるぐると情報収集している最中である
可能性もあります。このようなユーザーは、トップページで帰ってしまっ
たユーザーよりも、高めの入札額を設定する価値があります。

▶ ショッピングカート

　ショッピングカートに商品を入れたのに、購入しないで離脱した訪問者
は、相当高い興味を持っている可能性があります。買うかどうか悩んで、
あと一歩でやめたということは、ひと押しで購入してくれる可能性があり
ます。高めの入札価格でターゲティングしましょう。

　また、こういったユーザーは訪問直後だけでなく、訪問してから30日
以上など長い期間を経ても購入してくれる可能性があります。30日後、
60日後など、長めの期間でリマーケティングを行ってもよいでしょう。

▶ Google Analyticsからリマーケティングリストを作成して、さらに細かい条件を作る

　Googleが提供している無料のアクセス解析ツール「Google Analytics」
を利用しているユーザーは、Google Analyticsのデータからリマーケティ
ング用のユーザーリストを作成することができます。

　リマーケティングのリスト用の項目は非常に細かく、「滞在時間」「ペー
ジビュー」「利用しているブラウザ」「携帯電話のキャリア」「5月10日〜5
月30日に訪れたユーザーといったコーホート」「都道府県」「市町村」な
どなど、あらゆる条件でリストを作成することが可能です。

　たとえば、アクセスを解析すると、ブラウザでInternet Explorerを利用
している訪問者よりもGoogle ChromeやSafariを利用している訪問者の購
入率が2倍以上高いなどといったケースがあります。そのような際に、ブ

ラウザごとに入札額を分けて広告を出すなどといったことが可能です。

■ リマーケティングリストの項目

設定するには、まずGoogle Analyticsにログイン後「アナリティクス設定」→「アカウント」と「プロパティ」の欄に設定したいものを選択→「リマーケティング」→「リスト」をクリックします。

■ リスト項目の設定

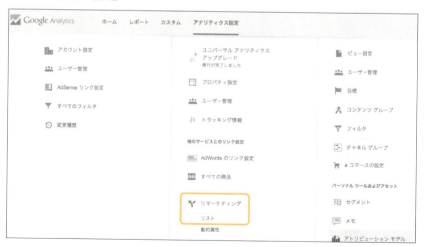

リストの一覧ページが表示されますが、まだリマーケティングのリストが存在しない状態です。「＋新しいリマーケティングリスト」をクリックします。

■ 新しいリマーケティングリスト

　「新しいリマーケティング リストの作成」のページが表示されるので、ここでリマーケティングのリストを作成します。作成時に、「サービス アカウント」の項目からGoogle AdWordsの同期するアカウントを設定することで、Google Analytics上で作成したリストが、Google AdWordsのアカウントでも利用できるようになります。

■ 新しいリマーケティングリストの作成

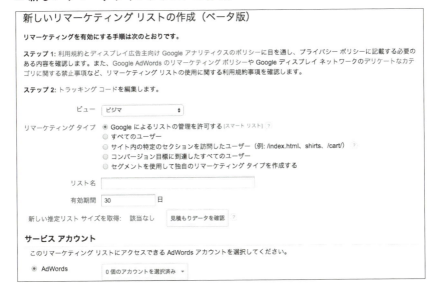

➡ 類似ユーザーリストで、リマーケティングを強化する

リマーケティング広告で成果を出しているのであれば、「類似ユーザーリスト」も利用してみましょう。Google AdWordsでは、作成したリマーケティングリスト内のユーザーと関心事や特徴が共通している見込み客のリストを、自動で作成してくれます。

類似ユーザーリストは、500件以上のCookieが蓄積されているリマーケティングリストに限り作成されます。Google AdWordsの「すべてのキャンペーン」が表示されている状態で、画面左下の「共有ライブラリ」を選択し、「ユーザーリスト」の「表示」をクリックすることで確認できます。条件を満たしていると、こちらで特に何もしなくても、下記の画像のように、先頭に「Similar to」がついた全く同じリストが自動で追加されています。

■ 類似ユーザーリスト

	↑ユーザーリスト	タイプ ?	ステータス	有効期間	リストのサイズ (Google 検索) ?	リストのサイズ (ディスプレイネットワーク) ?	タグ/定義 ?	ラベル ?
□	1日以内ターゲティング	ルール指定	オープン	1日	880	870	ルールによって定義されたリスト	--
□	Similar to 1日以内ターゲティング	類似ユーザー	オープン	30日間	利用不可 - ディスプレイ ネットワークのみ	2,200	--	--
□	1日以内ターゲティング-CV	組み合わせ	オープン	--	870	820	いずれか (1日以内ターゲティング) AND 以外 (コンバージョンページ訪問)	--
□	30日以内ターゲティング	ルール指定	オープン	30日間	25,000	41,000	ルールによって定義されたリスト	--
□	Similar to 30日以内ターゲティング	類似ユーザー	オープン	30日間	利用不可 - ディスプレイ ネットワークのみ	1,900	--	--

このリストを利用して、195ページのとおりに設定をしましょう。類似リストは、一般のリマーケティングリストとはグループを分けて運用してください。キャンペーンは一緒で大丈夫です。

リマーケティングのターゲットがしっかりしていれば、類似リストもパフォーマンスが期待できるでしょう。また、類似リストからアクセスした人が、自動でリマーケティングリストに追加されてさらにリマーケティングリストが充実して、それを参考に類似リストが充実して……という正の

サイクルが回るようになると、リマーケティングのコンバージョン数が増えることが期待できます。

しつこい広告にならないためのフリークエンシーキャップ

リマーケティング広告は、一度Webサイトに来た訪問者を何度も広告で追いかけるため、一歩間違うと「しつこい」イメージや「気味が悪い」印象を与えかねません。たとえばあなたは、テレビCMや、電車の中吊り広告などであまりにしつこく頻繁に見かけた広告で逆に不快感を覚えたことはないでしょうか。

このように、せっかくの見込み客に不快感を与えてしまったら逆効果です。それを避けるために、期間ごとの広告の表示回数を制限することができるのが「フリークエンシーキャップ」という仕組みです。

フリークエンシーキャップは、「キャンペーン」→「設定」タブ→「広告配信: 広告のローテーション、フリークエンシーキャップ」から設定することが可能です。

■フリークエンシーキャップ

「キャンペーン」「グループ」「広告」の単位で設定することが可能です。広告をたくさん設定していると、フリークエンシーキャップを設定したところで、結局1日のうちに何回も広告をしつこく表示してしまうことになります。そのため、「キャンペーン」か「グループ」で設定する方が、表示を制御しやすくおすすめです。

期間ごとに表示される上限の回数は、業種や商品によって異なりますが、1日2回〜4回くらいで様子を見て、あまりにクリック数や表示回数が

少ないと感じたら、徐々に増やしていきましょう。また、長丁場で関係を継続したい場合は、1週間に2回〜4回などのペースでゆっくりアプローチをしてみましょう。見込み客の悪印象を気にしないのであれば、フリークエンシーキャップを設定しないのも1つの考え方です。

リマーケティング広告と相性抜群のコンバージョンオプティマイザー

　第5章で紹介したコンバージョンオプティマイザーは、指定したCPAに合わせてコンバージョンの数を最大化する仕組みですが、この仕組みと、リマーケティング広告は相性がよいといえます。コンバージョンオプティマイザーを利用するには、月間で15以上のコンバージョンを獲得している必要があります。もし、条件を満たすことができたらコンバージョンオプティマイザーへの切り替えのテストをおすすめします。

　コンバージョンオプティマイザーは、ユーザーのデバイス・地域・時間などを考慮して、広告の表示回数や入札金額などを調整してくれます。この中で特に重要なのは時間に関する部分です。199ページで解説した、訪問期間ごとの入札価格や表示の最適化を自動で行ってくれます。

　訪問者の興味の深さや、カテゴリ、時間などをクロスしてコンバージョンオプティマイザーを設定すると、キャンペーンが複雑になってしまうのですが、「期間」の部分を簡略化できるだけでも大きな価値があります。筆者の経験では、リマーケティング広告に関しては、多くのケースで、コンバージョンオプティマイザーに切り替えたほうが、効果が改善します。ただし、コンバージョンオプティマイザーを利用しても、ユーザーの訪問カテゴリや興味の深さごとに表示する広告などは、しっかり設定する必要があります。適当に設定して放置というわけにはいかないのでくれぐれも注意しましょう。

COLUMN

Facebookのリマーケティング広告を利用しよう

　Google AdWordsとは関係ありませんが、世界的に有名なSNSのFacebookにもリマーケティング広告が存在しています。

　本書では詳述は避けますが、「広告マネージャー」ページを開き、メニューから「オーディエンス」を選択し、Facebookで作成したいターゲット層から「ウェブサイトのカスタムオーディエンス」を選択することで、タグを生成して、リストを取得できます。

■ Facebookのリマーケティング広告

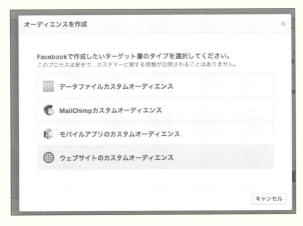

　基本的にはGoogle AdWordsのリマーケティングと同様の機能で、Webサイトに訪れた訪問者に対して、Facebook上の画面の右側やニュースフィード上に広告を表示させることができます。一度Webサイトに訪れている訪問者ということで当然効果は高いのですが、あなたのWebサイトに訪れる人とFacebookの相性がどのくらい高いかによって効果は変わってきます。

　たとえば、Facebookを利用する人がほとんどいないような商品（10代女性向けなど）を扱っているサイトであれば、そもそもFacebook上にほとんど広告が表示されないということになるでしょう。逆に、

BtoB（企業間の商取引）の商品・サービスを扱っているWebサイトは、一般的にFacebookとの相性は高い傾向にあります。Google AdWordsのリマーケティングで高い効果が出た場合は、ぜひFacebookのリマーケティングにも挑戦しましょう。

検索広告向けリマーケティングで、検索連動型広告の対象を絞る

　ここまでで作成したGoogle AdWordsのリマーケティングリストは、コンテンツ連動型広告だけでなく、検索連動型広告に利用することもできます。

　たとえば、あなたがクリスマスグッズを販売しているWebサイトを運営しているとします。こちらのWebサイトは「クリスマスツリー」「サンタウェア」「クリスマスグッズ」などのキーワードからやって来る人の購入率が高いWebサイトです。Webサイトにやってきたものの、残念ながら商品を買ってくれなかった人もたくさんいるでしょう。通常のリマーケティングなら、この人たちがほかのWebサイトを見ているときにWebサイト内に広告を表示する仕組みになっていました。

　検索広告向けリマーケティングは、Webサイトではなく Googleの検索結果に広告を出すことになります。この場合、以下のような活用法があります。

▶ 売れ筋のキーワードでさらに高い入札額を設定する

　一度Webサイトにやってきた人は、当然購入してくれる関心が強い人たちです。そのため、「クリスマスツリー」「サンタウェア」「クリスマスグッズ」といった、売れ筋のキーワードをさらに高額の入札額（通常1クリック40円を、80円にするなど）で強気に入札することが有効です。

　実際に、購入に関心のある訪問者は、同じようなキーワードの組み合わせで複数回Webサイトにやってくるケースが多いため、成果に結び付く可能性が高いといえます。

▶ 一度訪問しているユーザーだから、売れるキーワードに挑戦する

　「クリスマス」「クリスマス　デート」「クリスマス　スポット」「クリス

マスイルミネーション」などで検索している人は、クリスマスグッズを欲しがっている人も一部含まれていますが、必ずしも全員がクリスマスグッズを探しているわけではありません。そのため、クリスマスグッズを取り扱っているWebサイトが検索連動型広告を出しても、クリスマスの情報を調べているだけの、買い物には興味が無い人にもたくさんクリックされてしまうため、コンバージョン率が低いといえます。

あなたのWebサイト（クリスマスグッズショップ）に一度訪れたことがある人は、クリスマスのグッズを買うことに興味がある人たちです。そこで、その人たちに対して先ほどの「クリスマス」「クリスマス　デート」「クリスマス　スポット」「クリスマスイルミネーション」といったクリスマスに関係する広いキーワードで広告を出すと、彼らをもう一度Webサイトに呼び戻すことができ、商品購入の効果も期待できます。すでに、クリスマスのグッズを熱心に探しているユーザーと知っているからです。

一方、あなたの（クリスマスグッズの）Webサイトに訪れたことのない訪問者にとっては、既存のキーワードはクリスマスに関係があるキーワードではあるものの、グッズを探しているものではないので効果が薄いでしょう。そこで、通常広告を出しても効果がないキーワードに挑戦することで、効果が出る可能性があります。

▶ ユーザーリストの除外設定を行い、不要なユーザーに 検索連動型広告を表示させない

あなたのWebサイトに訪問したユーザーの中で、一度来たらもう広告を出したくないユーザーを除外することも可能です。たとえば、滞在時間、ページビューなどが著しく悪いユーザーは、購入する可能性が低いため検索連動型広告を出さないようにする、といった具合です。

また、コミュニティサイトなどで「新規のユーザー登録」を目的に広告を出している場合、すでに登録をしたユーザーには検索連動型広告を出さないようにするといったことも可能です。滞在時間などでリマーケティングリストを作成するには、Google Analyticsから行う必要があります。

【検索広告向けリマーケティングの設定方法】

まず、Google AdWordsの検索ネットワーク広告のキャンペーンを選択します。

「ユーザーリスト」タブをクリックすると、「＋リマーケティング」というボタンがあるので、クリックします。除外の場合は、「＋除外設定」をクリックしてください。

■ 検索広告用リマーケティングの設定

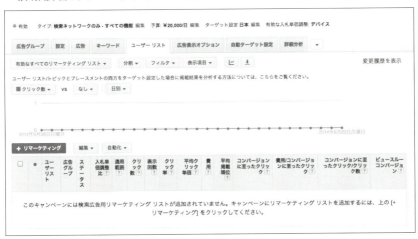

リマーケティングリストを適用させたい広告グループを選択すると、すでに作成されているリマーケティングの一覧が表示されるので、その中から適用するリストを選択して、「保存」をクリックします。

■ 適用するリストの選択

7-3 商品リスト広告(PLA)で、検索の専有率を増やす

　Googleの検索エンジンには、Googleショッピングという検索機能があるのをご存知でしょうか。ここでは、ショップオーナーが登録した商品を検索する機能を提供しています。

■ Googleショッピング(http://www.google.co.jp/shopping)

　しかし、残念ながらこのGoogleショッピングのページ自体を直接利用するユーザーは少ないのが現状です。ところが、このGoogleショッピングに登録された情報が、Googleの一般検索にも頻繁に登場するようになっています。たとえば、Googleで「プラダ　財布」と検索してみてください。

■「プラダ　財布」の検索結果

　画面上に、たくさんのプラダの財布の商品情報が並んでいるのに気がつくでしょう。それらは、Googleショッピングに登録した商品の情報を広告として掲載したものです。画像付きで商品情報が表示されることからインパクトが大きいのが特徴です。Google AdWordsには、このようにECサイトの商品情報を広告として表示する商品リスト広告（Product Listing Ads）があります。

　商品リスト広告の設定は、以下の3ステップで行います。

(1) Google Merchant Centerで商品を登録する

　下記URLより、Google Merchant Centerに登録して商品情報（フィードデータ）を登録します。

　https://www.google.co.jp/merchants/signup

(2) Google Merchant CenterとGoogle AdWordsを紐付ける

　Google Merchant Centerにログインして、「設定」→「AdWords」から、リンクの設定を行います。

(3) Google AdWordsで、商品リスト広告の設定を行う

Google AdWordsにログインし、キャンペーンの作成→「ショッピング」を選択してキャンペーンを作成します。広告グループの「プロモーションテキスト」「商品ターゲット」「入札単価」を設定して広告を開始します。

商品リスト広告（PLA）は、Google Merchant Centerと、Google AdWordsの2つの設定が必要になるため、手間がかかり、競合が少ない状況です。比較的定額で、上位に表示できる可能性があるほか、検索連動型広告と平行で広告を出すことができるため、画面上に2つ以上あなたのWebサイトの広告を同時に占めることも可能です。ECサイトを運営している方は、挑戦してみることをおすすめします。

第7章

もっと集客させたいときの広告技術

7-4 商品数やページ数の多いECサイトに効果が高い動的リマーケティング広告

➡ ユーザーの行動によって広告を分類する

　動的リマーケティング広告は、商品の種類が多い業種向けの広告です。動的リマーケティング広告の設定を行うと、ユーザーが閲覧した商品やWebページの履歴に合わせて、最適な広告を自動でリマーケティング表示します。「訪問者の興味のカテゴリでリストを分ける」「訪問者の興味の深さでリストを分ける」で解説した設定を、すべて自動でGoogle AdWordsが最適に判断して実行してくれるイメージです。

　カテゴリの種類や商品・Webページの数が数百、数千に及ぶ膨大なWebサイトでは、手動で訪問者の行動を分類して最適な広告を設定するのは労力的に不可能に近いでしょう。動的リマーケティング広告は、このような課題を解決してくれる便利な仕組みです。

　Google AdWordsの動的リマーケティングで対応している業種は、次のとおりです。

　　・教育
　　・フライト
　　・ホテルや賃貸物件
　　・求人
　　・地域限定の商品・サービス
　　・不動産
　　・小売
　　・旅行

　たとえば業種が小売業のケースだと、動的リマーケティング広告は訪問者の以下のような行動パターンに従って広告を分類します。業種によって

ある程度異なりますが、概ねイメージがつかめると思います。

・サイトにアクセスしたユーザー：Webサイトにアクセスしたが、特定の
　商品ページを見ていないユーザー
　→サイトの最も人気の高い広告を表示

・商品ページを閲覧したユーザー：Webサイト上で特定の商品ページを閲
　覧したものの、商品をショッピングカートに入れなかったユーザー
　→ユーザーが閲覧した商品やおすすめ商品を表示

・ショッピングカートを放棄したユーザー：商品をショッピングカートに
　入れたものの購入には至らなかったユーザー
　→ショッピングカートに追加した商品を優先表示。状況により、ユー
　　ザーが閲覧したほかの商品やおすすめ商品が表示されることも

・購入歴のあるユーザー
　→人気の高い商品や一緒に購入されることが多い商品に基づいた関連商
　　品を表示

　小売業種の利用には、216ページで紹介した、Google Merchant Center
の設定が必要です。基本的には、Google Merchant Centerに登録された商
品情報が画像とともに、ディスプレイネットワークの形式にレイアウトさ
れて、広告として配信されます。
　小売以外の業種では、広告フィードデータを別途作成する必要がありま
す。

➡ 動的リマーケティングの設定方法

　動的リマーケティングの特徴を学んだところで、早速設定していきま
しょう。

まず、動的リマーケティングタグをサイトに追加します。タグの設定は、カートシステムとの連携が必要です。複雑なので、下記情報に従って技術者に依頼しましょう。

【参考】動的リマーケティングタグをサイトに追加する
　　https://support.google.com/adwords/answer/3103357?hl=ja

　次に、キャンペーン・グループの作成です。新しくキャンペーンを作成します。タイプに「ディスプレイネットワークのみ」を選択し「リマーケティング」にチェックを入れると下記の画面の項目が表示されるので、「動的リマーケティングを有効にする」にチェックを入れて設定を行います。

■ 動的リマーケティング

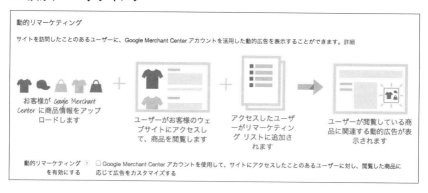

　こちらについても、設定はシステムとの連動や業種ごとの違いなど複雑なので、Webサイトを管理している技術者の協力を得たり、Googleのカスタムサポートなどを利用したりしながら設定を進めることをおすすめします。

【参考】動的リマーケティングの設定ガイド
　　https://support.google.com/adwords/answer/6086799

7-5 モバイルアプリへの広告掲載

　Google AdWordsでは、Webサイトと同様に、モバイルアプリに対してコンテンツ連動型広告を配信することが可能です。現在はスマートフォン利用者は多くの時間をアプリに費やしており、アプリ上に広告を掲載できるのは魅力的です。

　また、Webサイトへアクセスを集めるのはもちろんのこと、モバイルアプリユーザーをリスティング広告から集めたい企業にとっては、嬉しい広告手段です。アプリをすでに使っているユーザーは、新しいアプリをダウンロードするのにも抵抗が少ないため、とても相性のよい広告の手段といえるでしょう。

▶モバイルアプリ広告の設定方法

　基本的な構造は、一般のディスプレイネットワーク広告に類似しています。キャンペーンの作成から、「ディスプレイネットワークのみ」を選択し、「モバイルアプリで宣伝」を選択します。

■モバイルアプリで宣伝

　キャンペーンの設定を行ったら、広告グループの作成です。ここで広告のターゲット（プレースメント）を設定します。

■ モバイルアプリのプレースメント

モバイル アプリのプレースメント		
モバイル アプリのカテゴリ すべてのアプリの検索		

```
□ All Apps                          »    選択したプレースメント: 3 個
  □ Apple App Store        リンク  »      «  All Apps > Apple App Store
      Book                 リンク  »      «  All Apps > Apple App Store >
      Business             リンク  »         Education
      Catalogs             リンク  »      «  All Apps > Apple App Store > Catalogs
      Education            リンク  »
      Entertainment        リンク  »
      Finance              リンク  »
      Food & Drink         リンク  »
    ⊞ Games                リンク  »
      Health & Fitness     リンク  »
      Lifestyle            リンク  »
      Medical              リンク  »
```

➡ ジャンルが近いアプリにターゲットを絞り込む

　ターゲットの絞り込み方は、一般（アプリ以外の）のディスプレイネットワークと基本的な考え方は一緒といえるでしょう。あなたのWebサービスやアプリと業種やジャンルが近いと思われるアプリに対して配信していくことになります。

　たとえば、アプリ広告特有の配信先としてゲームアプリがありますが、そちらを配信先にしてしまうと、ターゲットが非常に広く、あなた自身がゲーム系のアプリを運営していない限り広告費が無駄になることが多いでしょう。自分の業種に近いターゲットをしっかり絞り込むことが重要です。

　ターゲットについては、画面のタブで2種類から選択が可能です。

▶ カテゴリによるターゲット

　「モバイルアプリのカテゴリ」タブを選択します。Googleが独自に分類したアプリのカテゴリに対して広告が配信されるため、多少大雑把ですがまずは広くテストをしたいときに最適です。第6章のトピックターゲットによるターゲティングに近い仕組みです。

▶ プレースメントによるターゲット

　「すべてのアプリの検索」タブを選択します。直接、広告を配信するアプリを指定できます。検索からアプリの名称を入力して、検索結果から該当するものを選択する仕組みです。第6章のプレースメント広告に近い仕組みです。

　プレースメントの設定のほかに、さらに対象をユーザーの「興味／関心」「年齢」「性別」で絞り込むこともできます。リマーケティングリストのように、自分で作成したリストで絞り込むことも可能です。

➡ モバイルアプリ広告のポイント

　モバイルアプリ広告のポイントは、基本的には一般のディスプレイネットワーク広告と同様です。まずは幅広くターゲットにカテゴリを指定して広告を出します。その後、広告のプレースメントの結果をレポートで見ながら、無駄なプレースメントを削除したり、効果の高いプレースメントを追加したりします。

　事前に、ディスプレイキャンペーンプランナーを利用して、関連性の高いプレースメントを絞り込むことも可能です。一定のコンバージョンが溜まったら、コンバージョンオプティマイザーが有効なのも同様です。アプリのダウンロードについても、コンバージョンの設定を忘れずに気をつけましょう。

【参考】コンバージョントラッキングを設定する
　https://support.google.com/adwords/answer/1722054

7-6 TrueViewでYouTubeの膨大なユーザーに動画広告を配信する

➡ TrueView広告とは

Google AdWordsの提供する動画広告のシステムの1つに、TrueViewがあります。掲載先はGoogle社が運営している世界最大の動画プラットフォームのYouTubeです。Google AdWordsでは、近年動画での広告に力を入れており、市場としても、年々広告の取引額が大きくなっています。業種やサービスによる相性はありますが、広告を出す人も動画を用意する必要があるという敷居の高さから、現状では動画広告の視聴あたりの金額は低く、検討する価値のある広告媒体になっています。

動画広告は、あなたがまず広告用の動画を作る必要があります。その動画を、YouTube上のさまざまな動画の間にCMのように割り込む形か、YouTube上の検索結果に割り込む形で、あなたの動画をPRすることになります。

TrueViewは、現状ではターゲットが非常に絞られたニッチな商品よりは、一般的な消費財など、広めにターゲットが存在する商品・サービスに向いている傾向があります。ここでは、TrueViewを利用するのに必要な知識と、効果を高めるためのポイントを解説します。

▶ TrueViewのアカウント作成

TrueViewは現在のところ、Google AdWordsとは別途、アカウントを開設する必要があります。下記URLより、動画広告のアカウントを作成しましょう。

■ Google AdWords　動画広告（http://www.google.co.jp/ads/video/index.html）

　すでに所有しているGoogle AdWordsのアカウントと紐付けることが可能です。これで次回からGoogle AdWordsでログインすることで、True View（動画広告）も同時に管理できるようになります。必ず紐付けるようにしましょう。

▶ 動画はどうやって作成する？

　動画の作成は大変敷居が高いものですが、最近ではクラウドソーシングというサービスを利用することで、安価に高品質の動画を作成することができます。動画の作成に特化したものでは以下のサービスなどがおすすめです。

・Viibar
　http://viibar.com/

・Crevo
　https://crevo.jp/

▶ 広告に利用する動画はどこにアップロードする？

YouTubeのアカウントを作ってYouTubeにアップロードした動画を利用することになります。YouTubeのアカウントもTrueViewとリンクすることができるので、忘れずに行うようにしましょう。

▶ TrueViewのターゲットの仕方

「年齢」「性別」「インタレスト」「トピック」「リマーケティング」「キーワード」「プレースメント」によって、ターゲティングを行うことが可能です。各種組み合わせや特性は一般のコンテンツ連動型広告と同じなので、該当の項目を参照してください。

➡ TrueViewのフォーマットを理解する

「TrueView広告とは」でも少し触れたように、TrueViewには2種類の広告があります。それぞれの特徴を覚えておきましょう。

▶ インストリーム

YouTube上で、別の動画の前に挿入される動画です。視聴者は、数秒間の後に広告をスキップするかどうかを選択できる動画で、課金をされるのは動画を最後まで視聴した場合、もしくは30秒以上視聴した場合です。ほかのリスティング広告とは異なり、動画（もしくはリンク）のクリック自体では料金は取られません。

■ インストリーム

▶ インディスプレイ・インサーチ

YouTube内の動画の検索結果の上部に表示されます。こちらは、検索結果に表示された動画の情報がクリックされ、動画の視聴がはじまると課金されます。

■ インディスプレイ・インサーチ

➡TrueView広告を成功させるために必要な3つのこと

TrueView成功のためには、以下の3つが重要です。ポイントを押さえて、効率よく広告を出しましょう。

▶ 1 TrueViewの目的をはっきりさせる

・認知

　動画広告を利用する場合は、一般のコンテンツ連動型広告以上に会社やサービスを覚えてもらえる「認知」としてのインパクトがあります。短期的に、コンバージョン（問い合わせや売上）に結びついていなくても、認知が上がっている可能性があります。

・コンバージョン（成果獲得）

　多くの方は、やはりほかのリスティング広告と同様、直接的なコンバージョンを期待するでしょう。ただし動画広告の難しいところは、動画を見て印象づけられたことで、後々自分で検索してWebサイトに訪れて購入するユーザーなども存在しうる点です。数字で把握できる直接効果と、把握できない間接効果のバランスをどう考えるかも重要です。

▶ 2 オーバーレイを設定

　直接コンバージョンを狙うときに必ず必須になるのが、「オーバーレイ」の設定です。TrueViewとYouTubeを連携していると、動画の編集画面で、「Call-to-action オーバーレイを追加」というリンクが表示されます。こちらから、オーバーレイの設定を行いましょう。

　オーバーレイとは、動画が流れている間画面の下に表示される半透明のバナーのような広告です。ここに、動画に関する情報やURLのリンクを入れることで、クリックを促します。オーバーレイを適切に入れることで、動画視聴後のクリックによるWebサイトの流入が増加します。

▶ 3 リマーケティングとの併用を

　動画広告を視聴したユーザーをコンバージョンに繋げるために重要なのがリマーケティング広告です。動画を視聴したユーザーは、頭の中で会社や商品・サービスについてぼんやりと記憶ができたかもしれませんが、まだ直接の行動には結びつかないかもしれません。

そういったユーザーのリマーケティングリストを作成しておくことで、一

度動画を見たユーザーに対して、テキスト広告やイメージ広告で追客を行います。

　リマーケティングリストは、動画キャンペーン編集時の「共有ライブラリ」→「動画リマーケティングリスト」から設定可能です。ここで設定されたリマーケティングリストは、一般のGoogle AdWordsのリマーケティングリストにも追加され、利用できます。

7-7 SEO対策にも取り組もう

➡ リスティング広告で売れるキーワードはSEOのチャンス

▶ リスティング広告のデータは宝の山

　リスティング広告で得たデータは、広告以外にも使えます。最もわかりやすいのは、自然検索での上位表示（SEO）です。リスティング広告経由の売上で安定していると、リスティング広告だけに力を入れておけばよいと考えがちですが、それは違います。

　リスティング広告の検索連動型広告ですでに一定の成果を出している人は、コンバージョンに繋がるキーワードがどんなものか把握しているはずです。それらのキーワードを使って、SEOで上位表示を目指しましょう。すでに、成果に繋がるとわかっているキーワードなので投資対効果も明確です。

　SEOにしか取り組んでいないWebサイトは、実際に上位表示されてお客さんをWebサイトに呼び込むまで、本当にそのキーワードが売上に繋がるかわからない中で施策に取り組んでいます。この点でも、検索連動型広告を活用しているあなたは一歩先んじているといえます。

▶ SEOで集客した訪問者もリマーケティングのリストデータになる

　SEOによってアクセス数を増やすことは、直接の売上や問い合わせなどの成果にも繋がりますが、SEOから増えたアクセスは、「リマーケティング」のためのリスト増加にも繋がります。増えたリストにさらにリマーケティングをかけることで、リマーケティングからのコンバージョン数が増え、さらに好循環になります。

■ SEO＋リスティング広告でリマーケティング

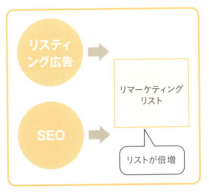

リスティング広告で費用対効果の悪いキーワードも実はチャンス

▶ どんなキーワードもあきらめなくていい

検索連動型広告を運用していると、コンバージョンはそこそこの数が出るのに、コンバージョンを獲得するための金額が高く、費用対効果がどうしても伴わないキーワードが出てくるでしょう。そのようなキーワードもSEOではチャンスです。検索エンジンで一度上位表示をすれば、広告とは異なりどれだけアクセスがきても費用がかかりません。意外なところに、宝物が埋まっています。

■ SEOによって費用対効果を高められることも

▶ リスティング広告と、自然検索（SEO）では傾向が異なる

　同じキーワードであっても、リスティング広告で上位表示させた場合と、SEOで上位表示させた場合とではアクセス数が大きく異なることがあります。一般的に、ビジネスや購入に直結しやすいキーワードはリスティング広告でたくさんのアクセスが得られ、悩み相談や情報収集用のキーワードはSEOで多くのアクセスを取れる傾向が見られます。しかし、実際のところは両方で上位表示してみないとわからないことも多いでしょう。

　リスティング広告で成果の出るキーワードをSEOでも上位表示させてみたら、はるかにたくさんのアクセスを得ることができることもあります。リスティング広告とSEOはセットと考えて取り組んでください。

付 録

付録 A Yahoo!ディスプレイアドネットワーク広告を攻略

▶ Yahoo!ディスプレイアドネットワーク広告とGoogleディスプレイネットワーク広告の違い

　Yahoo!ディスプレイアドネットワーク（以下YDN）は、Googleの提供するディスプレイネットワーク広告と基本的には類似する広告のシステムです。Googleディスプレイネットワーク広告は、Googleが提携する広告ネットワーク（さまざまなWebサイト）に広告を表示し、YDNは、Yahoo! JAPANが提携する広告ネットワークに広告を表示する仕組みになっています。

　現状のところ、Googleの所有する広告ネットワークの方が広いため、コンテンツ連動型広告に関してはGoogleのディスプレイネットワーク広告を中心に解説してきました。しかし、それぞれ提携するネットワークが異なるため、両方の仕組みを利用することでより多くの広告の露出が図れます。

　また、設定できる項目や設定方法の違いから、費用対効果が異なることもあります。上手に使い分けましょう。

▶ YDNは、アカウントがスポンサードサーチ（検索連動型広告）とは異なるので注意

　Google AdWordsでは、検索ネットワーク広告もディスプレイネットワーク広告も同じアカウントで一緒に管理ができました。一方Yahoo!プロモーション広告の場合は、スポンサードサーチとYDNでは区分が異なるため、新たにYDN用のアカウントを作成する必要があります。ログイン自体は同じIDとパスワードで可能ですが、広告費の請求やレポート、設定などが完全に別のシステムになっています。

➡ YDN攻略の6つの武器

アカウントを作成したら、いよいよ運用です。YDNを攻略する上での重要な6つのポイントを説明していきましょう。

▶ 高い効果が期待できるサイトリターゲティング

YDNの中でも、まずおすすめなのは「サイトリターゲティング」です。端的に言うと、第7章で解説した、Googleディスプレイネットワークの「リマーケティング広告」とほぼ同様の機能を持ちます。

提携ネットワークの大きさから、ディスプレイネットワークほどの広告露出は期待できませんが、Google側で高い費用対効果を達成していれば、YDNのサイトリターゲティングでも成果が期待できます。タグをWebサイトに埋め込み、リストを作成して、キャンペーンを設定するというプロセスも同様です。まずはサイトリターゲティングのためにYDNのアカウントを開設するくらいの気持ちでスタートしてもよいでしょう。

【サイトリターゲティング成功のポイント】

リストの作成や広告の設定など、Googleのリマーケティング広告と同じ感覚で大丈夫です。類似ユーザーリストによるリマーケティングの機能も存在しています。

YDNには、Google AdWordsでいうところのコンバージョンオプティマイザーと同様の機能も存在しています。「コンバージョン最適化」という名称で、キャンペーン編集から設定することが可能です。「設定する」に変更してコンバージョン単価の目標値を入力することで、目標のコンバージョン金額で可能な限りたくさんのコンバージョンが獲得できるように、自動でシステムが調整してくれます。コンバージョン最適化の機能を利用するには、過去30日間に15件以上のコンバージョン実績があることが条件になります。

なお、Google AdWordsの動的リマーケティングに該当する機能は、現在は存在しません。

付録

▶ 直感的に配信先を決めることができるインタレストマッチ

　YDN独自の配信方式の広告です。Google AdWordsでは、広告のテキストの作成に合わせて、配信先をキーワードやカテゴリなどで指定する必要がありました。一方YDNのインタレストマッチでは、広告を作成するだけで、広告の文章から的確な配信先を分析して自動で広告を配信することが可能です。

■YDNは広告文から配信先を自動で判断

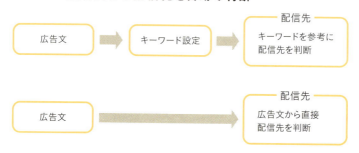

【YDNインタレストマッチ成功のポイント】
　YDNのインタレストマッチでは、広告テキストで配信先が決まります。ということは、さまざまな言葉を含ませたバリエーションの広告をたくさん作成して、それぞれグループを別にすれば、それだけたくさんの箇所に広告が配信されるということです。あなたのWebサービスに関連するキーワードを考えうるだけ洗い出して、たくさんの広告グループと広告を作成してください。

　まずは比較的低価格で配信して、徐々に広告額を上げながら、効果のあるものないものを洗い出して絞り込んでいくことで、費用対効果の高い広告を多くの人に配信することができるでしょう。

▶ 売れるキーワードがわかると効果が高いサーチターゲティング

　サーチターゲティングとは、ユーザーが検索エンジンで検索したキー

ワードを指定してコンテンツ連動型広告を配信する仕組みです。たとえば、サーチキーワードに「中古パソコン」を指定すれば、Yahoo! JAPANの検索エンジンで「中古パソコン」というキーワードで検索をしたことのあるユーザーに対して、コンテンツ連動型広告を配信するという仕組みです。

　目的を持って検索している人を指定して広告を出すため、キーワード次第では高い効果を発揮します。現在、YDNのみ全アカウントに対して提供されている機能※です。

■ サーチターゲティング

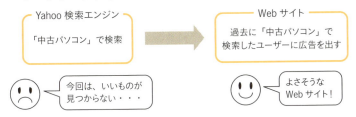

【YDNサーチターゲティング成功のポイント】
　スポンサードサーチ（Yahoo! JAPAN）、もしくは検索ネットワーク広告（Google）で成果が出ているキーワードを登録すると、高確率でサーチターゲティングでも成果を出すことができるでしょう。ただし、現状のサーチターゲティング広告はどんなキーワードでも指定できるわけではありません。あくまで、Yahoo! JAPANがあらかじめ決めているキーワードのリストから選択するしかないのです。
　全体的に、アクセス数の大きいビッグキーワードが中心なので、まずはあなたのWebサイトに関係のありそうなキーワードをひととおり洗い出して設定してみることをおすすめします。

※Google AdWordsでも一部特別に提供されているアカウントがあります。

▶ 広範囲の配信に有効なインタレストカテゴリー・サイトカテゴリー

・インタレストカテゴリー

　Googleディスプレイネットワーク広告でいうところの「インタレストカテゴリ」に近い仕組みです。YDNが所有しているユーザーの情報から、1人1人の興味関心を分析して広告を表示します。Webサイトとは関係なく、「人」にフォーカスしているのがポイントです。サーチターゲティングやサイトカテゴリーで広告を出せる限界を感じたとき、さらに広い範囲で広告を出したいときに有効です。

　事前に予測することはできず、実際に広告を出して計測しなければわからないという難点はありますが、Yahoo!のインタレストの分析とあなたのWebサイトの相性がよければ有効な広告手段なります。

・サイトカテゴリー

　Googleディスプレイネットワーク広告でいうところの「トピックターゲット」に近い仕組みです。YDNが、提携先のWebサイトを独自に分類したカテゴリーを指定して広告を配信します。あなたのWebサイトに近いカテゴリーを幾つか選択するだけで広告の配信先を決められるので、非常に手軽に広告をはじめることができます。

　236ページで紹介した「インタレストマッチ」広告は、広告文で配信先が決まってしまいます。たとえば、あなたが旅行系のサービスを運用していたとして、さまざまな旅行関係のWebサイトに広告を出そうとすると、「ホテル」「航空券」「海外旅行」「国内旅行」「ツアー」「バス旅行」など、とにかく対象のキーワードが多くなります。インタレストマッチでは、それだけ幅広いバリエーションの広告文を作成する必要があり大変手間がかかります。また、サーチターゲティングでは広告文で配信先が決まってしまうため、自然と広告文のパターンのバリエーションが狭まってしまいます。

　しかし、サイトカテゴリーの場合、旅行関係で広告を出したいカテゴリーをまとめて指定してしまえば、広い範囲で広告のテストをすることが

できます。そのうえ、選択したカテゴリーと広告文がぴったり一致している必要がありません。広告文をいろいろ工夫してみたいときにも有効です。

【インタレストカテゴリー・サイトカテゴリー成功のポイント】

どちらも、どうしても大雑把なカテゴリーの括りで広告を出すことになるため、まずは「インタレストマッチ」や、「サーチターゲティング」など、細かくターゲットを指定できる広告の方が費用対効果を生み出しやすいでしょう。一方で、そういった細かい指定が必要な広告では見つけられなかったWebサイトに手軽に広告を出すことも可能なことから、広告の範囲をまずは広げてみたいという場合に活用できます。

また、これらのカテゴリーの指定は、「インタレストマッチ」や、「サーチターゲティング」、「サイトリターゲティング」などと組み合わせて、より範囲を絞った広告を出すためにも利用ができます。

▶ 配信先のWebサイトを指定できるプレイスメントターゲティング

YDNにも広告の配信先のWebサイトを指定できる「プレイスメントターゲティング」の仕組みがあります。ただし注意しなくてはいけないのは、YDNの場合は、個別のURL単位でのプレイスメント指定ができないという点です。「ドメイン」「サブドメイン」「2階層目のディレクトリまで」しか、プレイスメントの登録ができません。

プレイスメントの除外機能も提供していますが、こちらも2015年時点では、同様に「ドメイン」「サブドメイン」「2階層目のディレクトリまで」限定での除外機能になっています。

付録

■ プレイスメントターゲティング

○ http://example.com
○ http://sub.example.com
○ http://example.com/folder/
× http://example.com/folder/sample.html

【プレイスメントターゲティング成功のポイント】

　細かいWebページ単位でのプレイスメントの指定や除外ができないため、どうしても大雑把な広告の出稿になってしまいます。ドメイン、サブドメイン単位で、あなたのWebサイトとピッタリ相性のよいプレイスメント先を見つけられたら効果が期待できるでしょう。

　相性の高いプレイスメントの見つけ方は、基本的にはGoogle AdWordsと同じです。インタレストマッチ広告など、ほかのターゲット手段で広告を実施した際の広告レポートから、過去にどんなURLに広告が表示され、どのようなパフォーマンスだったかをチェックします。その中で、費用対効果の高いURLをプレイスメントで設定するとよいでしょう。

　ドメイン単位や2階層のディレクトリでは、プレイスメントが広すぎてどうしてもマッチしないと感じた場合、「インタレストカテゴリー」「サイトカテゴリー」と掛け合わせることで、配信先を絞り込んで精度を高めることもできます。

▶ 性別、年齢、地域、曜日・時間帯を組み合わせて費用対効果を高める

　下記のとおり、さまざまな条件で広告の配信を指定することが可能です。

・性別

　「男」「女」「不明」の3種類で広告の配信を指定できます。「不明」の割合が無視できない大きさです。

・年齢

　年齢の区分ごとに広告の配信を指定できます。性別と同じく、「不明」の割合が無視できません。

・地域

　47都道府県だけでなく、市区町村単位で細かく配信を指定することができます。

・曜日・時間帯

　曜日や時間ごとに広告の配信のON、OFFを設定できます。夜間や土日は対応していないWebサイトなどでは便利な機能です。

【性別、年齢、地域、曜日・時間帯成功のポイント】

　これらのカテゴリについては、基本的にほかの配信ターゲティングとの組み合わせで利用するのが妥当でしょう。それぞれのデータについて「不明」のものが存在し、必ずしも100％正確なものではないという前提で活用することをおすすめします。

付録B 導入すると便利なツール

▶ AdWords Editorで、広告の設定作業時間を短縮する

　Google AdWordsでは、リスティング広告を効率的に運用するために、AdWords Editorという専用のツールを配布しています。通常、Google AdWordsはWeb上でログインをしてアカウント設定を行いますが、AdWords Editorは、Google AdWordsのデータをPC上にダウンロードして、データを一括で編集した上でアップロードする仕組みになっています。

　キャンペーン、広告グループが数十単位、また広告キーワードが数千単位になると、入札額や、広告の修正など一気にやってしまいたいケースが増えてきます。大量のデータを1つ1つWeb上で編集するのは大変時間がかかりますが、Google AdWords Editorを使うことで、これらの作業をまとめて効率的に行うことが可能です。大変便利なツールなので導入をおすすめします。

■ Google AdWords Editor (http://www.google.com/intl/ja/adwordseditor/)

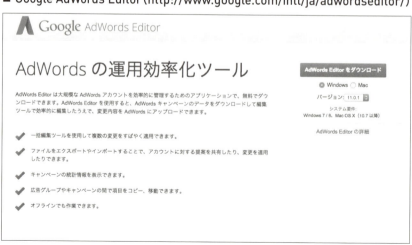

AdWords Editorの具体的なメリットは次のとおりです。

▶ インターネットが繋がっていないところでも編集ができる

Google AdWordsからキャンペーンの情報をダウンロードした後は、PC
にインストールしたソフト上で編集します。そのためインターネットに接
続されていなくても編集でき、インターネットの回線やサーバーの調子が
遅くてイライラするようなことがありません。

▶ キャンペーン、広告グループ、広告、キーワードをかんたんに移動、コピーできる

すでに設定しているキャンペーンや広告グループ、広告、キーワードな
どの情報をかんたんにコピー&ペーストすることができるほか、キャン
ペーンAにある広告グループをキャンペーンBに移動するといったように、
自由に移動を行うことができます。

アカウントの広告グループやキーワードが増えてくると、設定を使いま
わして一部変更をしたいケースが発生するため大変便利です。

▶ 置換機能で、キーワードや広告文を一括変更できる

指定したキーワードや広告文、もしくは広告のリンク先URLを一括で置
換することができます。URLの一括置換は、Webサイトを手直ししてラン
ディングページのURLが変更になった場合や、リニューアルしてURLが変
更になった場合などに大変便利です。また、複数の広告文を一部だけ変更
をする際などに大変便利です。

Googleタグマネージャで、コンバージョンの設定をかんたんに管理する

Googleタグマネージャは、リスティング広告のコンバージョンタグや、
Google Analyticsの解析タグなど、さまざまなWebツールのタグを一括で
管理できるツールです。

■ Googleタグマネージャ（http://www.google.co.jp/tagmanager/）

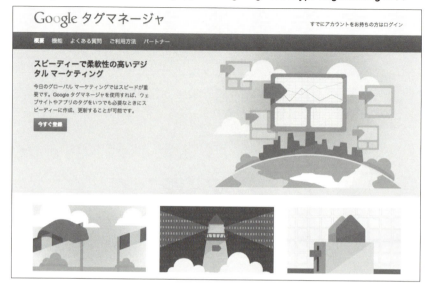

　Googleタグマネージャは、リスティング広告のアカウントとは別にGoogleタグマネージャ自体のアカウントを開設して、設定を行う必要があります。しかし、その手間を補うだけのメリットが存在します。

▶ **タグの追加や変更があっても一切Webサイトを触る必要がなくなる**

　一度Googleタグマネージャ専用のタグをWebサイトのすべてのページに埋め込めば、その後はタグの設定、変更、削除等がすべてGoogleタグマネージャのアカウント上での作業で完結するようになります。

　Googleタグマネージャを使わない場合、リスティング広告のコンバージョンタグを設定するためには、Webサイトのコンバージョンを取得したいページ（問い合わせ完了、購入完了など）にタグを直接貼り付ける必要があります。もし、コンバージョンタグの内容を変えたい場合や新しい種類のコンバージョンタグを発行した場合は、その都度Webサイトの該当する部分を触って変更する必要がありました。その度に、社内のWeb担当者、

もしくは外部のWeb制作会社とやりとりをする必要があり大変煩雑です。

　Googleタグマネージャを導入することで、それらの作業はリスティング広告の運営担当者がWebサイトを触ることなく自分で設定することが可能になります。また、複数のWebサイトなどを運用している場合もすべて一括で管理できるため大変便利です。

▶ イベントをコンバージョンとして計測することができる

　リスティング広告のコンバージョンは、申し込み完了、購入完了など特定のページを表示したときにしか計測することができません。Googleタグマネージャを利用することで、リンクやボタンなどのクリックイベントもコンバージョンとして取得することが可能になります。

　また、問い合わせフォームによっては、申し込み後に申し込み完了のページが存在しないものや、申し込み完了でURLが変わらないものなどもあり、従来のリスティング広告のコンバージョンタグの設定では情報が取得できませんでした。このような問題もGoogleタグマネージャのイベント取得で解決することが可能です。

▶ Yahooタグマネージャーで、さまざまな広告のタグを一括管理する

　Googleタグマネージャと同様に、Yahoo!プロモーション広告も、Yahoo!タグマネージャーという管理ツールを提供しています。

■ Yahoo!タグマネージャー

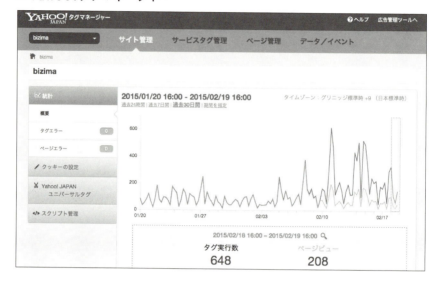

　Yahoo!タグマネージャーは、Yahoo!プロモーション広告のアカウントを作成したユーザーのみに提供される機能です。

　Yahoo!プロモーション広告のアカウントにログイン後、画面右上のメニュー「運用サポートツール」→「Yahoo!タグマネージャー」から利用することができます。

　Googleタグマネージャと同様に、管理画面からタグの追加や変更を行うことが可能で、Webサイトを直接触る必要がありません。イベントをコンバージョンとして計測することができるのも同様です。

▶ さまざまな広告のタグに対応

　Yahoo!タグマネージャーの最大のポイントは、Yahoo!スポンサードサーチやYDNなど、Yahoo!プロモーション広告で提供されている広告のタグはもちろん、Google AdWordsやGoogle Analytics、ほかにも、Facebook広告やCriteo、i-mobileなど、国内外の他社のタグをかんたんに設定できるテンプレートが用意されている点です。

Googleタグマネージャは、Google AdWordsやGoogle Analyticsなど、Googleが提供しているタグの設定はかんたんにできますが、それ以外のタグはカスタマイズの設定が必要になり、少々複雑です。

▶ Yahoo!アクセス解析もセットでついてくる

　Yahoo!タグマネージャーを導入すると、セットでYahoo!アクセス解析もついてきます。アクセス解析の定番といえば、Google社の提供してるGoogle Analyticsが思い浮かびますが、Yahoo!アクセス解析も魅力的です。

　全体的に、直感的でわかりやすいグラフィカルな解析表示になっています。また、リアルタイムでどこの地域の人がアクセスしているかが日本地図で表示されたり、Webサイトにどんな組織から訪問しているかのランキングを表示したりするユニークな機能があります。

　訪問組織のデータなどは、企業間取引のあるビジネスでは営業データの参考にも役に立つでしょう。

■ Yahoo!アクセス解析

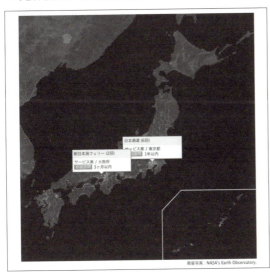

No.	組織名	業種	期間中の累計 累積			初回訪問日	最終訪問日	初回流入のきっかけ	
			Visit	PV	Visit				
1	厚生労働省	公共機関	57	81	105	2014-01-05	2015-02-18	Yahoo!検索	ビジマ
2	ソフトバンクテレコム	情報通信	33	69	36	2014-03-05	2014-11-07	Google検索	(not provided)
3	日立製作所	メーカー	33	52	48	2013-12-18	2015-02-11	その他の検索	ムーブメントマーケティング
4	日本電気	メーカー	21	35	50	2013-12-19	2015-02-09	Google検索	(not provided)
5	エイジア	情報通信	21	42	31	2014-03-10	2015-02-18	Yahoo!検索	マーケティング勉強会
6	ヤフー	情報通信	19	33	29	2014-01-30	2015-01-21	Yahoo!検索	読書会
7	ぎょうせい	マスメディア	15	31	28	2013-12-26	2015-02-12	参照元なし	--
8	KVH	情報通信	14	31	14	2014-07-08	2015-01-26	Twitter	twipple.jp/?sticky=1
9	東京放送	マスメディア	14	29	16	2014-03-03	2015-02-12	参照元なし	--
10	パナソニック	メーカー	13	16	28	2013-12-27	2015-02-18	参照元なし	--
11	東京経済大学	大学	11	18	11	2014-10-01	2014-10-29	Yahoo!検索	ビジマ
12	富士市	サービス業	9	19	14	2014-02-01	2015-02-02	Yahoo!検索	読書会
13	博報堂	マスメディア	9	20	77	2014-01-09	2014-12-05	Yahoo!検索	異業種勉強会
14	塩野義製薬	メーカー	7	25	7	2014-12-02	2015-02-13	参照元なし	--
15	日本ペイント	メーカー	6	9	6	2014-10-06	2015-02-06	参照元なし	--
16	エン・ジャパン	サービス業	6	12	10	2014-02-07	2015-02-09	参照元なし	--
17	技術評論社	マスメディア	6	18	6	2014-08-10	2015-02-11	Google検索	(not provided)
18	朝日新聞社	マスメディア	6	13	10	2014-01-20	2015-01-29	Yahoo!検索	勉強会 東京
19	任天堂	情報通信	6	6	8	2014-04-08	2015-01-30	参照元なし	--
20	光通信	サービス業	6	10	8	2014-02-17	2015-02-01	Yahoo!検索	交流会 勉強会 江戸川区
21	ライブドア[data-hotel.net]	情報通信	5	11	6	2014-05-29	2014-10-16	参照元なし	--
22	GMOインターネット	情報通信	5	9	21	2014-02-06	2014-12-17	Google検索	(not provided)
23	アステラス製薬	メーカー	5	26	6	2014-06-12	2015-01-13	Google検索	(not provided)

COLUMN

GoogleタグマネージャとYahoo!タグマネージャーのどちらを使うべき?

　似たような機能を提供しているGoogleタグマネージャとYahoo!タグマネージャーですが、どちらを利用するのがよいのでしょうか。

　もし、あなたがGoogle AdWordsとYahoo!プロモーション広告の両方を運用しているのであれば、現在は「Yahoo!タグマネージャーのみ」か「Yahoo!タグマネージャーと、Googleタグマネージャの併用」がおすすめです。

　まず、Yahoo!タグマネージャーは、Yahoo!プロモーション広告の提供している広告だけでなく、GoogleやFacebook、Twitterなど、あらゆる会社の広告サービスのタグをかんたんに設定できるテンプレートが用意されており、データの不備も起こらず、あらゆる広告のタグをまとめて運用することができます。特に、Yahoo! JAPANやGoogle以

外のさまざまな広告会社のツールも同時に運用する場合は、Yahoo!タ
グマネージャーは非常に便利です。

　Googleタグマネージャでは、Google社以外が提供しているタグに
ついてはカスタム機能で設定をする必要があり、設定が複雑になるほ
か、計測がうまくいかないケースが発生します。

　一方で、Google社が提供してるツールとの相性は抜群です。本書
ではアクセス解析がテーマではないため詳述は避けますが、特に
Google Analyticsでイベントをトラックするのに、Googleタグマネー
ジャが提供している自動イベントトラッキングの機能が大変便利で
す。Webサイトのソースコードを触る必要がなく、柔軟にさまざまな
イベントデータを取得できるため、高度なアクセス解析を行いたい人
にとっては、大変魅力的な機能も持っています。

　結論としては、「1つのマネージャーだけでタグを一括管理したい」
や「アクセス解析でそこまで高度な解析は使わない」という人は、
Yahoo!タグマネージャー 1本がおすすめです。

　逆に、Google AnalyticsなどGoogleのツールの高度な機能をフルに
活かしたい場合は、Google AdWordsやGoogle Analyticsのタグを
Googleタグマネージャで管理して、それ以外のすべての広告をYahoo!
タグマネージャーで管理するといった併用を検討しましょう。

一括変換ツールで、Google AdWordsの設定を、Yahoo!プロモーション広告にも適用させる

　Google AdWordsとYahoo!プロモーション広告の両方のアカウントを管
理していると、2つ別々に広告の設定を行う必要があり、大変手間がかか
ります。キーワードマーケティング研究所が無料で提供している広告の一
括変換ツールを用いることで、Google AdWordsの広告設定を、Yahoo!プ
ロモーション広告用にCSVデータとして変換が可能です。

■ キーワードマーケティング研究所
（http://www.niche-marketing.jp/kwm/）

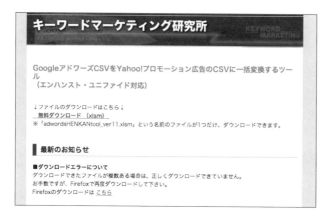

　変換が完了したCSVファイルは、Yahoo!プロモーション広告のインポート管理で一挙にインポートを行うことができます。ただし、インポート管理の機能は、Yahoo!プロモーション広告のアカウントを作成した直後には利用することができません。お問い合わせフォームから依頼を行ってください。

・お問い合わせフォーム
https://forms.business.yahoo.co.jp/webform/Inquiry/InquiryTop?inquiry_type=promotion-support_82

キーワード索引

数字

1ページ目掲載に必要な入札価格	126
80対20の法則	108

A

A/Bテスト	91, 106
AdWords Editor	168, 242

C

CPA	45, 148
CPC	198
CTR	55

E

ECサイト	109, 201, 216, 218

F

Facebookのリマーケティング広告	209
First Page Bid	126

G

Google AdSense	164
Google AdWords	12, 18
Google AdWordsのアカウント作成	23
Google AdWordsの最適化機能	157
Google Analytics	37, 196, 203

Google Merchant Center	216, 219
Google URL生成ツール	38
Googleアカウントの作成	22
Googleキーワードプランナー	68, 102
Googleタグマネージャ	243, 247, 248

L

LPO	91

P

PPC広告	15

S

SEO	15, 40, 230, 232
SEOチェキ	102

T

TrueView	224

W

Webサイトの品質	43, 115, 117
Webビジネスの特質	40
Webページの品質スコア対策チェックリスト	
	123

Y

Yahoo! JAPANビジネスID	27, 29
Yahoo!アクセス解析	247
Yahoo!タグマネージャー	245, 248
Yahoo!ディスプレイアドネットワーク広告	
（YDN）	12, 162, 234
Yahoo!プロモーション広告	12, 18
Yahoo!プロモーション広告に登録	24

あ

アカウント全体の品質スコア	123, 127
アカウントの仕組み	30
アカウントのチェック	50, 59
一括変換ツール	249
一般名詞	68
一般名詞絞り込みキーワード	68
イメージ広告	189, 191, 229
インストリーム	226
インタレストカテゴリ	176, 182
インタレストカテゴリー	238
インタレストマッチ	236
インディスプレイ・インサーチ	227
エンハンストキャンペーン	48, 50
オーバーレイ	228

か

階層構造	32, 55
価格訴求型	83
拡張CPC	63
獲得広告費用	45
完全一致	31, 77, 80, 81
関連キーワード	72
キーワード	30, 31, 42, 55, 66
キーワード自動挿入機能	84
キーワードによるターゲティング	171
キーワードの相場	52
キーワードのバリエーション	58, 71, 75
キーワードのレポート	43, 126, 131
キーワードマッチ	76, 128,
希少性訴求型	84
機能訴求型	83
キャッチコピー	91, 93, 94, 190

キャンペーン	30, 134, 147, 167
キャンペーン、広告グループ、広告文、 　キーワードの上限数一覧	32
キャンペーンの一時停止	156
キャンペーンの役割	48
求職系キーワード	131
競合の強みのポイント	104
クイックリンクオプション	86
クラウドソーシング	191, 225
クリックスルーコンバージョン	36, 149
クリック率	42, 55, 86, 118, 166
計測のタイミング	35
激安系キーワード	130
検索クエリー	125, 131, 154
検索クエリーのレポート	154
検索語句のレポート	131
検索ネットワーク広告	12, 162
検索窓の入力補助	73
検索連動型広告	12, 18, 40, 162, 211
効果てきめんキーワード	67
広告グループ	30, 31, 55, 81, 134, 172, 178, 221, 243
広告審査	52
広告戦略	46, 51, 105
広告の表示の順番	41
広告配信のパターン	119
広告費の計算式	45
広告文	31, 53, 55, 72, 83, 118
コールアウト	88
顧客生涯価値	46
コンテンツのボリューム	95
コンテンツ連動型広告	12, 36, 60, 162, 234
コンバージョン	34, 116, 228

コンバージョンオプティマイザー		対象外キーワード	128
	148, 153, 208, 223	タイトルタグ	102, 121
コンバージョン最適化	148	地域系キーワード	130
コンバージョン数	36, 148, 181	中間コンバージョン	152
コンバージョンタグ	35, 37, 152, 244	調査系キーワード	131
コンバージョンに至ったクリック	36	調査ツール	102
コンバージョンの種類	36	直近のコンバージョン	59

さ

サーチターゲティング	236
サービスに関するサポート	51
最終スコア	41
サイトカテゴリー	238
サイトリターゲティング	235
サイトリンクオプション	86
自動入札設定	150
絞り込み部分一致	31, 78, 80, 125
収益の見極めポイント	104
上限クリック単価	62
商品名・サービス名指名キーワード	67
商品リスト広告（PLA）	215
除外キーワード	31, 128, 155
除外キーワード例一覧表	131
調べているだけキーワード	68
推定合計コンバージョン	36
スポンサードサーチ	12, 234
スマートフォンからの検索ユーザー	33
スモールキーワード	115
総コンバージョン数	36

た

ターゲット	164
ターゲティング	171
ターゲティングの掛け合わせ	183

ディスプレイキャンペーンプランナー	
	182, 187, 223
ディスプレイネットワーク広告	
	12, 162, 221, 234
適切な広告費	39, 44
動的リマーケティング広告	218
動的リマーケティングタグ	220
トップページ	105, 202
トピックターゲット	174, 183

な

悩み解決指名キーワード	67
悩み解決模索キーワード	67
入札価格	40, 52, 55, 62, 158, 198
入札価格シミュレーション	62
入札価格の順位	40

は

ビッグキーワード	115, 237
ビュースルーコンバージョン	36
費用対効果を高める原則	115
品質インデックス	40
品質スコア	40, 114, 117, 122, 164
品質スコアの改善	118
ファーストビュー	65
不正クリック	154

不正クリックが発生した場合の	
対応手順リスト	156
部分一致	31, 79, 80, 125, 155
ブランド訴求型	84
フリークエンシーキャップ	207
プレイスメントターゲティング	239
フレーズ一致	31, 77
プレースメント	
	165, 179, 183, 187, 221, 223
プレミアムポジション	64, 86, 88
フロントエンド商品	109
ページの表示速度	43, 97, 122

ま

マッチタイプ	31, 76
無効なクリック率	154
無料オプトイン	108
無料系キーワード	130
目標CPA	149
モバイルアプリ広告	221

や

ユーザーの購入率	97
ユニファイドキャンペーン	48, 50

ら

ライフタイムバリュー	46
ランディングページ	105, 153, 202
リスティング広告	12
リスティング広告と相性のよいWebサイト	
	90
リスティング広告のメリット	15
リマーケティング広告	194, 228
リマーケティングタグ	195

リマーケティングリスト	196, 203
リンク先Webページ	105, 121
類似ユーザーリスト	206, 235

山田案稜（やまだ・ありゅう）

株式会社パワービジョン代表取締役。同志社大学哲学科卒。公共系のシステムエンジニア職を経て、2007年にWebマーケティング専門会社パワービジョンを立ち上げる。中小企業から東証一部上場企業まで、幅広くWeb事業のコンサルティングを手がけるWebマーケター。「1年で年商120万円のサイトを13億円まで成長」「月100万円以下の広告費で1億円の売上達成」「月間PV100万以上に成長した企業のコンテンツメディアを複数立ち上げ」、最近は、スタートアップや新規事業のマーケティングも積極的に支援している。

著書は『WEBマーケティング111の技』『Googleアドワーズ&Yahoo!リスティング広告 最速集客術』（技術評論社）、『小さな会社のWeb担当者になったら読む本』（日本実業出版社）、『Webクリエイターのための Webマーケティング』（ソシム）、『考える仕事がスイスイ進む「フレームワーク」のきほん』『あらすじと図解でよくわかる「ビジネス書」のきほん』（翔泳社）など多数。

[お問い合わせについて]
本書に関するご質問は、FAXか書面でお願いいたします。電話での直接のお問い合わせにはお答えできません。あらかじめご了承ください。下記のWebサイトでも質問用フォームをご用意しておりますので、ご利用ください。

[問い合わせ先]
〒162-0846　東京都新宿区市谷左内町21-13
株式会社技術評論社　書籍編集部
「最速で成果を出すリスティング広告の教科書」係
FAX：03-3513-6183
Web：http://gihyo.jp/book/2015/978-4-7741-7257-6

ブックデザイン　小口翔平＋西垂水敦(tobufune)
DTP　　　　　　SeaGrape
編集　　　　　　山﨑香

最速で成果を出すリスティング広告の教科書
~Google AdWords&Yahoo!プロモーション広告両対応

2015年5月10日　初版　第1刷発行

著　者　　　山田案稜

発行人　　　片岡 巌

発行所　　　株式会社技術評論社
　　　　　　東京都新宿区市谷左内町21-13
　　　　　　電話　03-3513-6150(販売促進部)
　　　　　　　　　03-3513-6166(書籍編集部)

印刷・製本　昭和情報プロセス株式会社

定価はカバーに表示してあります。
本書の一部または全部を著作権の定める範囲を超え、無断で複写、複製、転載、テープ化、ファイルに落とすことを禁じます。

©2015　株式会社パワービジョン

造本には細心の注意を払っておりますが、万一、乱丁(ページの乱れ)や落丁(ページの抜け)がございましたら、小社販売促進部までお送りください。送料小社負担にてお取り替えいたします。

ISBN978-4-7741-7257-6　C3055
Printed in Japan